改訂版
微積分のはなし (上)

●変化と結果を知るテクニック

大村 平 著

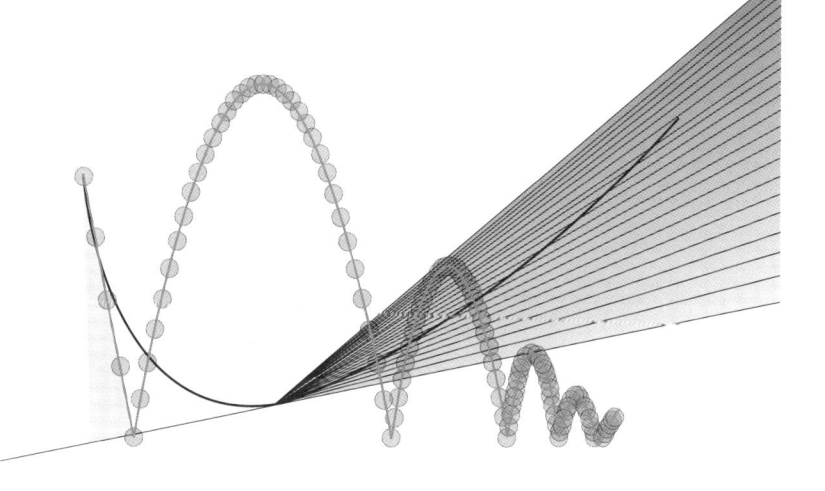

日科技連

まえがき

　幸か不幸か，私たちは，人類の繁栄には，じゅうぶんすぎるほど物質文明が発達した時代に生を受けてしまいました．それにひきかえ，精神文明の発達の遅れが目立ち，そのための歪が各所に現れはじめています．行くべき路はこれでよいのかと，反省する曲がり角に，人類はさしかかっているようです．けれども，それは，物質文明そのものが罪悪であることを意味しているわけではありません．人類がせっかく手に入れた物質文明を放棄して，飢餓と病苦の時代へ逆戻りしてよいはずがないではありませんか．人類の安定した生存を，じゅうぶんにまかなうことができる物質文明に，さらに磨きをかけ，自然界との融合をはかり，精神文明の向上とあいまって，バランスのとれた豊かな文化を生み出そうではないか，という趣旨であるはずです．

　私たち人類に驚異的な物質文明をもたらしたものは，神でも仏でもありません．私たち人類が自らの知恵と努力とでそれを勝ちとったのです．そして，私たちの知恵は，学校や家庭での教育によって培われます．教育の第一歩は，寺子屋の昔から「読み，書き，ソロバン」です．ソロバンは，たし算，引き算，掛け算，割り算の四則演算を意味すると解釈できるでしょう．けれども，あいにくなことに，寺子屋教育程度の素養では，現代文明の担い手としてじゅうぶんな実力を持っているとはいえません．したがって，中等教育では，

もう一段進んだレベルの素養を習得するための教育が行なわれます．

そこで第1にぶつかる難問が微積分です．微積分は，四則演算の延長なのですが，極限という新しい概念の上に成りたっているので，どうもうまく理解できないのです．それでも，概念を理解しないままに，微分や積分の運算のテクニックだけをしゃにむに丸呑みしなければなりません．そうしないと試験にパスしないからです．丸呑みですから，試験が終わると消化されないままに，丸ごと排泄されてしまいます．残るのは苦しかった思い出だけです．

微積分は，現代文明の担い手に必要な素養のひとつですから，微積分を丸ごと排泄してしまうようでは，現代文明の担い手になることはできません．現代文明のお荷物として一生を送るハメになってしまいます．くやしいではありませんか．そこで消化剤を混入した微積分の本を書いてみることにしました．観念的な数学の立場からではなく，なるべく現象に密着した立場から取り上げることによって，微積分を理解していこうというのです．数学の先生方からは，邪道だといって叱られるかもしれませんが，補助的にはこういう書物があってもよいのではないでしょうか．

消化剤を大量に混入したので，量がふえ，上巻，下巻の2冊に分けなければならなくなりました．恐縮ですが，上下で1冊の書物だと思っていただきたいと存じます．

　1972年2月

　この本が世に出てから，もう，30数年の歳月が流れました．そして，思いもかけないほど多くの方々がこの本を採り上げてくださったことを，心から嬉しく思っています．

いっぽう，その間に社会環境などが変化したため，文中の題材や記述に不自然な箇所が目につくようになってきました．そこで，このような箇所だけを改訂させていただくことにしました．今後とも，この本がさらに多くの方のお役に立てば，これに過ぎる喜びはありません．

 2007 年 8 月

大　村　　　平

目　　　次

まえがき …………………………………………………………… iii

1. 変化ということ …………………………………………… 1
　すべては変化している ………………………………………… 1
　オクの細ミチの場合は ………………………………………… 4
　速度は位置の変化率 …………………………………………… 7
　コンコンチキチキのはなし …………………………………… 11
　平均速度と瞬間速度 …………………………………………… 14
　瞬間速度を計算するには ……………………………………… 18
　それが微分だ …………………………………………………… 22

2. 微分と積分の間 …………………………………………… 26
　鳥の視野と虫の視野 …………………………………………… 26
　ちりも積もれば山となる ……………………………………… 30
　それが積分だ …………………………………………………… 33
　微分と積分の間 ………………………………………………… 37
　位置と速度の間 ………………………………………………… 41
　世の中は澄むと濁るの違いにて ……………………………… 44

3. 極大と極小を求めて ……………………………………… 50
　極と最との違い ………………………………………………… 50
　長方形の面積は ………………………………………………… 56

箱の体積は ……………………………… *60*
　　山と谷とを見分ける ……………………… *63*
　　メラオ君の場合は ………………………… *68*

4. 微分の定石（その1） ……………… *73*
　　定石への誘い ……………………………… *73*
　　微分をすると肩の荷が減る ……………… *76*
　　肩の荷が分数でも負でも同様に ………… *79*
　　初心忘るべからず ………………………… *82*
　　三角関数を微分する ……………………… *85*
　　ゼロ分のゼロのこと ……………………… *90*
　　指数と対数と ……………………………… *96*
　　対数を微分する …………………………… *99*
　　対数の底のいろいろ ……………………… *102*
　　導関数と微係数 …………………………… *107*

5. 微分の定石（その2） ……………… *110*
　　和と差にはチャンポンの効果なし ……… *110*
　　積にはチャンポンの効果あり …………… *117*
　　商のチャンポン効果はやや強い ………… *121*
　　因果関係の将棋倒し ……………………… *125*
　　将棋倒しの功徳 …………………………… *130*
　　なこうどは，しょせん，なこうどにすぎず … *132*
　　微分できるか，できないか ……………… *137*

6. 身のまわりの微分 ………………………… *141*
　メラオ君の場合は ………………………… *141*
　光が曲がるわけ ………………………… *146*
　数学モデルを作る ………………………… *153*
　定石を使って解く ………………………… *159*
　とっくりから酒があふれるわけ ………………………… *163*
　船を引く速さ ………………………… *167*
　tでいきなり微分する ………………………… *172*
　あちらも，こちらも，立てよう ………………………… *175*

7. 面積を求めて ………………………… *183*
　面積を求めて ………………………… *183*
　精度を上げるには ………………………… *188*
　小さいほうからのアプローチ ………………………… *191*
　大きいほうからのアプローチ ………………………… *194*
　ちょっと，ひとこと ………………………… *196*
　正確なアプローチ ………………………… *198*
　どちらからアプローチしても，極限は同じ ………………………… *204*
　ミミズの由来 ………………………… *206*

8. 積分の定石 ………………………… *214*
　微分を手掛りにする ………………………… *214*
　原始関数を求めて ………………………… *218*
　不定積分と定積分 ………………………… *221*
　微分公式で積分する ………………………… *225*
　和と差は，そのまま積分する ………………………… *230*

積は，部分積分で ……………………………… *233*
　　　商は，積分できることもある ……………………… *238*
　　　置換のすすめ ……………………………………… *242*

9. 身のまわりの積分 ……………………………………… *248*
　　　立体を考える ……………………………………… *248*
　　　ドーナツの体積 …………………………………… *253*
　　　落下の運動 ………………………………………… *261*
　　　エネルギーで計算する …………………………… *269*
　　　ばねのエネルギー ………………………………… *275*
　　　複利のおそろしさ ………………………………… *280*

付　　録 ……………………………………………………… *285*
　　　1. 三角関数の公式 ……………………………… *285*
　　　2. 微分の公式 …………………………………… *286*
　　　3. 積分の公式 …………………………………… *286*
　　　4. 級数の計算 …………………………………… *287*

下巻主要目次

10. ふたたび面積に挑戦	16. コンピュータのための微積分
11. 二重三重の積分	
12. 微分方程式入門	付録　1. 微分の公式
13. 微分方程式のいろいろ	2. 積分の公式
14. ラプラス変換	3. ラプラス変換の公式
15. 微分の上級コース	4. ラプラス逆変換の公式

1. 変化ということ

すべては変化している

　祇園精舎の鐘の声,諸行無常の響あり,沙羅雙樹の花の色,盛者必衰のことわりをあらわす.おごれる者も久しからず,ただ春の夜の夢のごとし.たけき者もついにほろびぬ.ひとえに風の前の塵に同じ.……

　ご存じ,平家物語のプロローグです.平家一門にあらざる者は人にあらず,とうそぶくまでに栄華をきわめた平家一族も,ついには,壇の浦に追いつめられて全滅し,平家追討の立役者,義経さえも,盛者必衰の運命の鉄則をまぬがれることはできず,奥州平泉に非業の最期をとげていく…….雄大なスケールで語られる平家物語を貫ぬくものは盛者必衰,諸行無常の理念であるといわれています.

　人生の無常を語る名言は,古来,かず多くあります.「いろはにほへど,ちりぬるを,わがよたれぞ,つねならむ……」*「あしたに

紅顔あって世路にほこるといえども，夕には白骨となって郊原に朽ちぬ」**「朝(あした)に死に，夕(ゆふべ)に生るるならひ，ただ水の泡にぞ似たりける」***，エト・セトラ……．

　人生の無常に思いいたると，凡人の見本みたいな私は，ついつい懐疑的になってしまいます．あいつは女で一生を棒にふったとか，酒ですべてを失った，とかいうことがありますが，私などは，仕事で一生を棒にふってしまうのではないだろうかと思うからです．街にはミニスカートの健康的なお嬢さんたちがあふれ，山や野では太陽の光と緑が招いているというのに，明けても暮れても仕事，仕事……．そして，いずれ間もなく老いさらばえて，水の泡のようにこの世を去っていく．仕事で一生を棒にふった，といわなくて，なんというのでしょうか．ああ，人生は無常であり，無情です．

　けれども，無常なのは，人生ばかりではありません．森羅万象すべてのものが，絶えず変化しています．変化の速さがおそろしく速いものも，おそろしく遅いものもありますが，変化しないものは，おそらく存在しないでしょう．それに，変化が速いとか遅いとかいっても，所詮は人間が自分たちの感覚を物さしにして決めているだけのことにすぎません．平均寿命が，10^{-16} 秒ぐらいの π 中間子が見れば，人間は微動だにしない石像のようなものでしょうし，約 1

---

　*　「色は匂へど散りぬるを，我が世誰ぞ常ならむ，
　　　　有無の奥山今日越えて，浅き夢見じ酔ひもせず」
　　弘法大師の作だといわれてきましたが，どうやら"読人知らず"だというのが，現在では定説のようです．ひらがな 47 文字を 1 回ずつ使用して人生の無常を歌いあげた傑作です．
　**　浄土真宗中興の祖といわれる蓮如上人のお言葉です．
　***　有名な鴨長明の「方丈記」の一節です．

1. 変化ということ

万年の歳月をかけて成長してきた富士山から見れば，人間どもはひょこっと生まれてみるみる間に成長し，気ぜわしく動きまわって，たちまち一生を終えるせせこましい生物にしかすぎないでしょう．その富士山にしたところで，映画のフィルムに1年に1コマずつ撮影し，そのフィルムをふつうの速さで上映してみれば，小御岳や古富士が活発に噴火をくり返し，さらに，富士山自身の噴出物が小御岳と古富士をすっぽりとおおいつくして，美しいコニーデ型の富士山が誕生し，さらに風化，浸食されて，ぼろぼろに破壊されていくまでの一生を，わずか数十分で観察することができるはずです．こういう観察のしかたをすれば，黙して語らない岩や石にも，生き生きとした生命が見いだせるかもしれません．

世の中のすべてのものは変化しています．形も位置も温度も，世相も価値観も，すべてのものが変化しています．けれども，変化のしかたは千差万別です．変化がはげしいものも，遅いものも，間欠的に変化の方向や速さが変わるものもいろいろあります．変化のしかたそれ自体が，やはり変化をしているものも少なくありません．

ところで，この本は，『微積分のはなし』です．諸行無常の話が微積分と，何か関係があるというのでしょうか，それが大ありだからいやになってしまいます．ひとくちにいうと，

　　微分は，どう変化しているか

　　積分は，その結果どうなったか

を調べるためのテクニックです．したがって，諸行無常のありさまを正確に検討するためには，微分と積分を心得ておかなければなりません．逆にいえば，変化のしかたを理解していけば，微分と積分がわかってくる，ということになるでしょう．

どう変化しているかが微分 　　　　その結果どうなったかが積分

オクの細ミチの場合は

　私事になって恐縮ですが，私には，1人の妻と1人の娘がおります．その娘が小学校6年生のときです．学校から帰ってきて，「身長が142 cmになったわよ」というのです．

　ところで，小学校を卒業してすでに30年近くの年月が去り，小学校時代の想い出が，忘却の彼方に消えてしまった私にとって，小6の142 cmが，どの程度の価値を持つのか見当がつきません．親の因果が子に報い，どうせチビのほうだろうということはわかるのですが，そのチビさ加減が見当もつかないし，どうせチビのほうだろうと諦めているくらいですから，チビさ加減に興味も湧かないのです．それよりは，同級生に，ぽつぽつ女らしさが芽生えてくるのに，いつまでもオクテで，細くて，"オクの細ミチ"とあだ名されている発育不良のほうが，どちらかといえば心配です．そこで，私

の興味は，現在の身長が 142 cm であることよりは，ここしばらくの間に，身長が急に伸びはじめたかどうかに注がれました．身長が急に伸びはじめるのは，性のめざめへの，つまり正常な発育への前兆であるように思えるからです．

そこで，娘の身長の伸びぐあいを調べてみることにしました．幸いに，半年ごとの身体測定の記録があったので，そのデータをグラフ用紙にプロットし，なめらかな曲線で結んでみたのが図 1.1 です．データが半年おきですから，データに忠実なグラフを作ると，半年ごとにぎくしゃくと折れ曲がった折線グラフになるのですが，人間の身長の伸び方が，ぎくしゃくしているはずはないので，半年ごとのデータをなめらかな曲線で結ぶほうが実情にあっているでしょう．実情といえば，人間の身長は，寝床から起き上がったばかりのときには，夕方より 2 cm ぐらいも大きいそうですから，正確にいえば，1 日ごとに伸びて縮んでまた伸びて，を繰り返しながら，だんだんと成長しているはずですが，いまは，1 年ぐらいを単位としたおおざっぱな話をしようとしているので，1 日ごとの伸び縮みは省略してしまいました．

さて，次のページの図 1.1 を見てください．オクの細ミチの身長は，年齢とともに変化しています．この変化のぐあいを観察してみると，つぎのようになります．このグラフに描かれている 6 歳〜12 歳の範囲では，身長は着実に伸びていることを，年齢とともに上昇する右上りの曲線が物語っています．けれども，その伸びっぷりは一定ではありません．6 歳〜10 歳ぐらいの間は日本女子の平均に比べて伸びっぷりがさえません．曲線の傾きが"日本女子の平均"より小さいことが，それを物語っています．けれども，10 歳をす

ぎるころから，身長の伸び方がふえはじめ，11歳〜12歳ぐらいになると，ぐんぐんと追い上げてきました．その結果，一時は平均を10 cm以上も下まわっていた身長が，とうとう数 cmの差にまで追いついています．

このままの調子で伸びていくと，たちまち平均を追い抜いてしまいそうな勢いですが，親の因果が子に報いるのが世のならい，きっと間もなく伸び率は鈍化し，その結果，グラフ中の破線のような経過をたどり，平均をやや下まわるぐらいの身長に落ち着いて成人を迎えることでしょう．

身長の伸びは身長の変化です．そして，身長の伸びっぷり，つまり身長の伸び率が身長の変化のありさまを物語ります．伸び率が大きければ変化が大きいし，伸び率が小さければ変化が小さいといえるからです．ですから，身長の変化のしかたをきちんと表現するには，身長の伸び率を定量的に表現してやればよいはずです．ところ

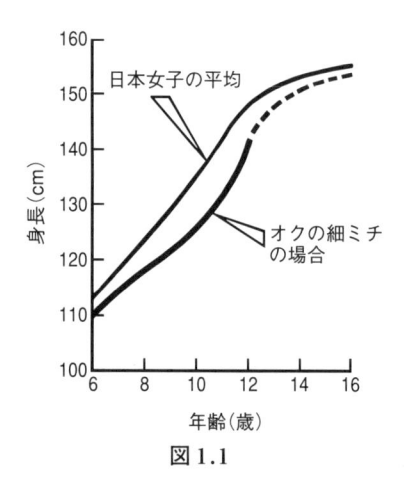

図1.1

が，オクの細ミチの身長のように，伸び率が時々刻々変化しているような場合には，伸び率を定量的にきちんと理解し，かつ表現するには，その計算法と表現法にひとくふう必要です．この"ひとくふう"が**微分**です．すなわち，

　　　　年齢で身長を微分する　──→　身長の変化率

という形式で，身長の変化のぐあいが表わされ，詳細に調べられる，ということができるのです．

　いっぽう，現在の身長は，時々刻々の身長の積み上げられた結果としてでき上がっています．ですから，時々刻々の身長の伸び，いいかえれば，身長の変化率を年齢の全域にわたって寄せ集めれば，その結果として現在の身長が計算できるかんじょうです．この計算法が**積分**です．すなわち，

　　　　身長の変化率を年齢で積分する　──→　身長

ということです．もう一度書かせてもらいましょう．

　　　微分は，どう変化しているか

　　　積分は，その結果どうなったか

を調べるためのテクニックです．

速度は位置の変化率

　変化のしかたの本格的な調査開始です．どんなものを対象に選んで調査をしても理くつは同じなのですが，時間の経過につれて，位置が変化する物体を対象にして，位置の変化を調べてみることにしましょう．位置の変化は，目にも見えるし，変化の大きさを物差しできっちりと測ることができるので調べやすいからです．

時間の経過につれて位置が変化している．いいかえれば，動いている物体の動きを解明するために，1秒ごとにシャッターを切ったところ，図1.2のような証拠写真が残りました．物体は，自動車でも野球のボールでも何でもよいのですが，その位置が正確に判定できるように，図1.2では，◉で表わすことにしましょう．幸いなことに，物体が動くコースにそって，5mおきにポールが立っているので，物体の位置は一目瞭然にはっきりと読みとれます．

物体の位置を読みとった結果は，つぎのとおりです．

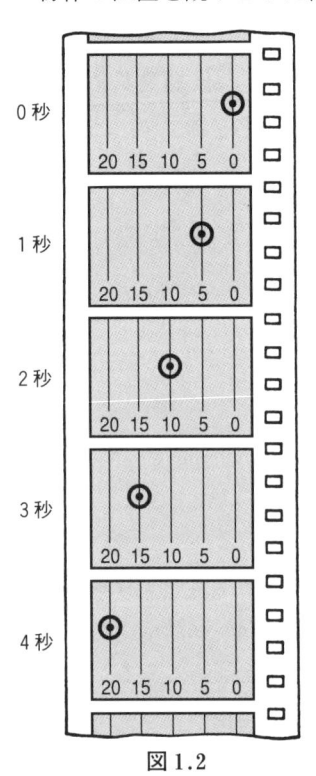

0秒のとき　　0m
1秒ののち　　5m
2秒ののち　10m
3秒ののち　15m
4秒ののち　20m

これをグラフに描くと図1.3のようになります．ほんとうをいうと，証拠写真だけでこのグラフを描くのは，ちょっと冒険なのです．なぜかというと，この物体が，もしも0.9秒間はじっとして動かず，つぎの0.1秒間にひょいと5mだけ左方へ移動し，さらに0.9秒間は静止し，続いて0.1秒間に5mだけ左方へ移動するという奇妙な動作を正確に繰り返していたとしても，1秒ごとにシャッターを切ればまったく同じ

図1.2

証拠写真が残ってしまうし,この場合,物体の位置は図1.3のようには変化していないからです.けれども,しばらくの間は,対象とする物体がバッタのような奇妙な動作はせず,野球のボールや自動車のようになめらかな運動をしているものとして,つまり,証拠写真から図1.3のようなグラフを描いてもまちがいないものとして,話を進めていくことにします.

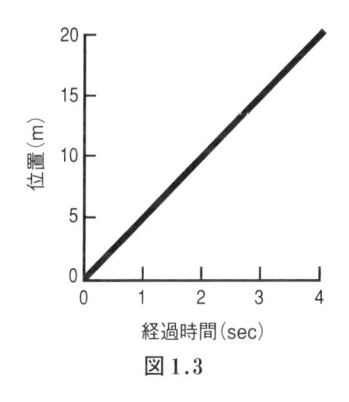

図1.3

図1.3を見てください.このグラフは,一定した傾きをもつ直線です.つまり,物体の位置が時間の経過に正比例して変化していることを示しています.その変化の割合,すなわち,図1.4のようなグラフの直線の傾きは,1秒あたりきっちり5mです.1秒あた

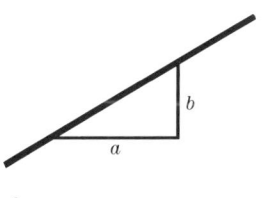

$\frac{b}{a}$ をこの直線の傾きという

図1.4

り 5 m だけ位置を変化させることを，私たちは，5 m/sec の**速度**で動いているといいます．この例の場合，5 m/sec という速度は時間の経過とともに変化することはありません．いつでも 5 m/sec の速度で動いているのです．なにしろ，位置の変化の割合は，グラフの傾斜で表わされるし，グラフは傾斜が一定の直線で表わされているのですから……．

一般的にいうと，物理学上の定義でも，また私たちの日常感覚にとっても，速度とは，位置の変化の時間に対する割合，いいかえれば，位置の変化率です．つまり，

　　　速度＝位置の変化率

となります．ところが，位置の変化率は，位置のグラフの傾きで表わされますから，

　　　速度＝位置のグラフの傾き

であるということができます．

なお，物理学では，速さ(speed)と速度(velocity)は同じものではなく，物体の速さと進む方向とを同時に考える場合に速度という用語を使用します．たとえば，円周上を一定の速さで走る物体は，速さは一定ですが進行方向がどんどん変わるので，速度は一定ではありません．そして，速さが一定の運動を**等速運動**といい，速さと動く方向がともに一定の運動，つまり，速度が一定の運動を**等速度運動**と呼んで区別することがあります．私たちの例では，とくに動く方向を問題にしているわけではありませんが，説明の便宜上，動く方向を一定にして考えていますから，速度と書くことにしました．

また，位置の変化，つまり移動距離のことを**変位**といいますので，これから先は，変位という言葉もときどき使います．

コンコンチキチキのはなし

　私たちの証拠写真に写された物体は 5 m/sec の速度で動いているのでした．そして，その速度は時間の経過には無関係に，いつも一定なのでした．5 m/sec の速度をもつ物体は，

　　はじめの 1 秒に 5 m だけ位置が変わる（変位する）

　　つぎの　 1 秒に 5 m だけ位置が変わる（変位する）

　　つぎの　 1 秒に 5 m だけ位置が変わる（変位する）

　　……以下同じ……

ですから，ある時間後までの変位は，毎秒ごとの変位をつぎつぎと加え合わせれば求められ，

　　0 秒後　0 m

　　1 秒後　5 m

　　2 秒後　5 m＋5 m＝10 m

　　3 秒後　5 m＋5 m＋5 m＝15 m

　　4 秒後　5 m＋5 m＋5 m＋5 m＝20 m

　　……以下同じ……

となります．こんなことは，あたりまえのコンコンチキチキです．けれども，短い時間内の変化 —— この場合は 1 秒間の変位 —— をつぎつぎと累計すれば，所望の時間に移動した距離が求められる，という考え方は，これから先の議論の柱になるので，コンコンチキチキをばかにしないでいただきたいと思います．この場合のように，速度が一定なら，たし算を繰り返さなくても，かけ算をすればよいのですが，速度が変化しているときには，かけ算が使えないので，つぎつぎとたし算を繰り返さなければならず，それが積分という概

念に発展していくのですから……．

　前の節では，位置の変化(変位)から速度を求めてみました．この節では，反対に，速度から変位を計算しました．そこで，速度のグラフと変位のグラフとを並べて描いてみると，図1.5のようになります．上下のグラフを比べてみてください．おもしろい関係があることに気がつきます．ある時刻——たとえば，3秒だけ経過した時刻のところに注目してみましょう．上のグラフに薄ずみを塗った部分の面積は，

$$5 \text{ m/sec} \times 3 \text{ sec} = 15 \text{ m}$$

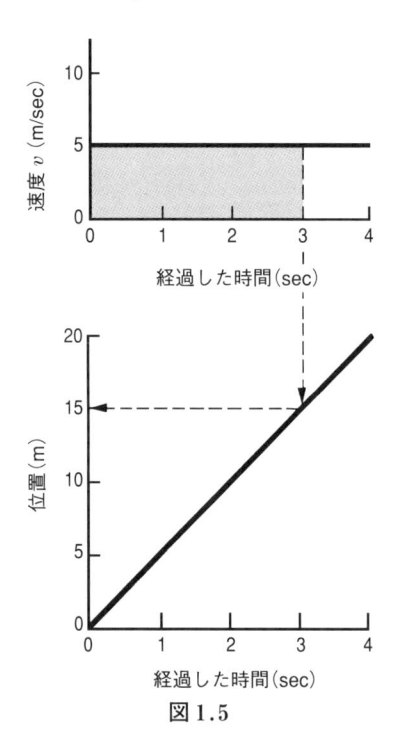

ですが，ちょうどその値を下のグラフが示しています．すなわち，時間がゼロのときには位置もゼロであったのが，3秒後には15 mだけ変位して，15 mの位置に到達しています．

　この関係は，3秒を経過した時刻だけに特有なものではありません．どの時刻をとってみても同様な関係が成立していることを確かめてみてください．なぜ，こうなるかは，コンコンチキチキのところを思い出していただくとわかります．

図1.5

すなわち……．

まず，経過時間が 1 sec のところで考えてみます．5 m/sec の速度をもった物体は，1 sec はちょうど 5 m だけ移動するのですが，この関係は「時間〜速度」のグラフ上では，図 1.6 のように表わされます．つまり，高さ 5 m/sec 横幅 1 sec で表わされる面積は，ちょうど，

$$5 \text{ m/sec} \times 1 \text{ sec} = 5 \text{ m}$$

であり，これが 1 sec 間の移動距離を意味しています．したがって図 1.6 に薄ずみをつけたブロックが 1 sec 間に移動する 5 m を表わしていることになります．そして，つぎの 1 秒には，つぎのブロックで表わされる 5 m が，さらにつぎの 1 秒には，そのつぎのブロックで表わされる 5 m が，つぎつぎと加算されて，3 秒後には，

$$5 \text{ m} + 5 \text{ m} + 5 \text{ m} = 15 \text{ m}$$

だけ移動することになり，この増加のありさまが「時間〜位置」のグラフ上に傾きをもった直線として描かれたわけです．そして，この傾きは 5 m/sec であり，速度そのものと一致しています．「時間〜速度」のグラフと「時間〜位置」のグラフとの関係を整理すると，

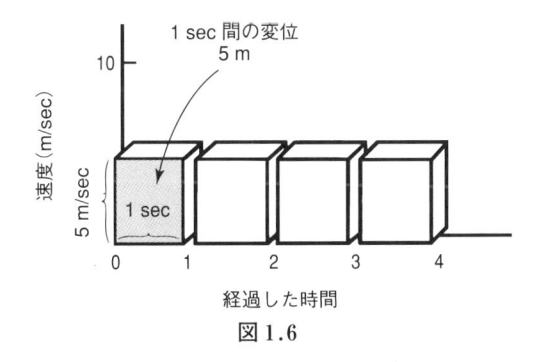

図 1.6

図 1.7

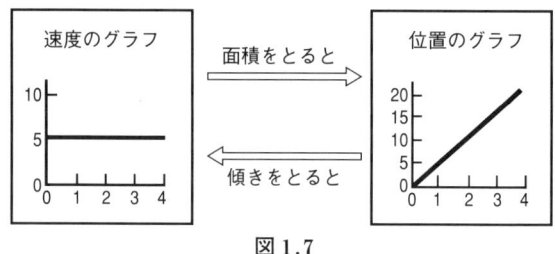

図 1.7 のように表わすことができるでしょう．

なお，ここで，

$$\text{速度のグラフは} \begin{cases} \text{縦軸の単位：m/sec} \\ \text{横軸の単位：sec} \end{cases}$$

$$\text{位置のグラフは} \begin{cases} \text{縦軸の単位：m} \\ \text{横軸の単位：sec} \end{cases}$$

であることに注意する必要があります．速度のグラフで面積を測ると，その単位は，

m/sec×sec＝m

となって，位置のグラフ上にうまく表わせるし，位置のグラフで傾きを測ると，

m/sec

となって，速度のグラフの単位と一致しています．

平均速度と瞬間速度

こんどは，速さが時間とともに変化する場合です．1秒ごとにカメラのシャッターを切った証拠写真は図 1.8 のようになりました．写真を解析してみると，時刻ごとの位置は，つぎのようになってい

ます.

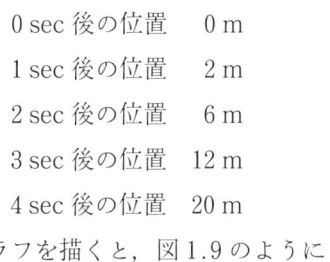

0 sec 後の位置　0 m
1 sec 後の位置　2 m
2 sec 後の位置　6 m
3 sec 後の位置　12 m
4 sec 後の位置　20 m

このグラフを描くと,図 1.9 のようになります.もちろん,物体がバッタのようにぎくしゃくした運動をするのではなく,なめらかに速さが変化していると仮定して,なめらかな曲線でグラフを描くのです.割合にきれいな曲線が描けました.たぶん,2次の方程式で表わせるのではないかと想像して,やってみると,うまいぐあいに2次方程式で表現できることがわかりました.いま,

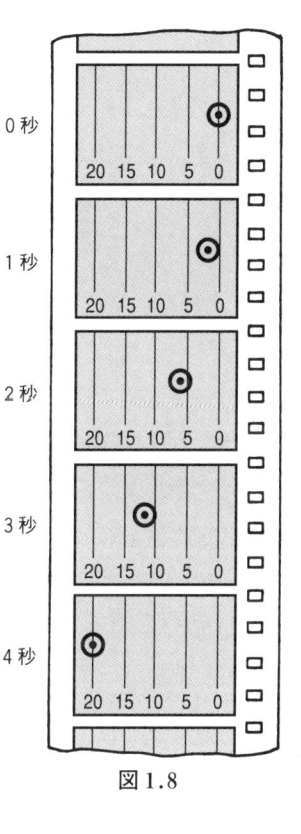

経過時間を　t　(sec)
位置を　　　x　(m)

と書くことにすると,この曲線の方程式は,

$$x = t^2 + t$$

で表わされます.念のために,t に 0,1,2,3,4 をつぎつぎに代入すると,x が 0,2,6,12,20 となって証拠写真とぴったり一致することを確かめておいてください.

さて,数ページ前に"速度"は位置の変化率であり,位置の変化

図 1.8

図 1.9

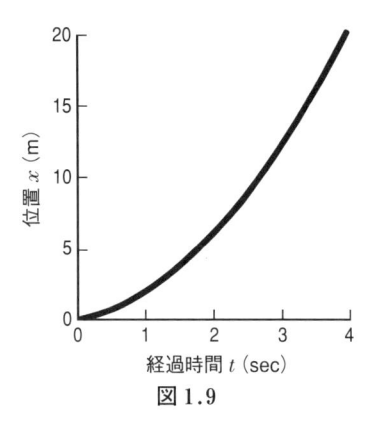

率は位置のグラフの傾きに現れているから,位置のグラフの傾きを読みとれば速度がわかるはずだ,と書きました.私たちは,いま,速度が時間とともに変化する物体の位置をグラフに描くことに成功しました.そこで,このグラフから,この物体の速度を観察してみましょう.

わかりやすい一例として,2秒後から3秒後までの1秒間の速度はどうなっているでしょうか.グラフから傾きを読みとるまでもなく,

　　2秒後の位置は,　6 m のところ

　　3秒後の位置は,12 m のところ

ですから,1秒間に,

　　　$12\,\text{m} - 6\,\text{m} = 6\,\text{m}$

だけ移動しているかんじょうになります.すなわち,この1秒間の物体の速度は 6 m/sec であるといえます.この意味を「時間〜位置」のグラフに書き込んでみると,図 1.10 のようになります.つまり,2秒後の曲線上の点と,3秒後の曲線上の点とを直線で結ぶ

図 1.10

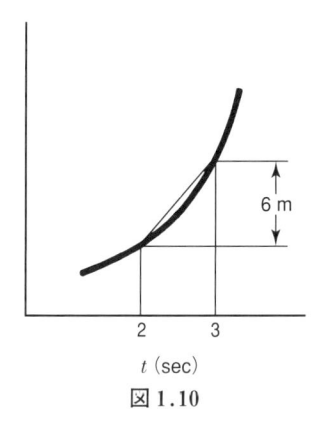

と，その傾きが 6 m/sec になっているというわけです．

 ところで，この物体の速度をすなおに観察してみると，時間の経過とともに速度が増大していることがわかります．なにしろ，位置の曲線の傾きが速度を表わすのですが，私たちの曲線の傾きは一定ではなく，経過時間 t が大きいほど傾きも大きくなっているからです．ですから，2 秒後から 3 秒後までの 1 秒間にしたところで，その 1 秒間だけ速さが一定なのではなく，はじめは，6 m/sec より遅く，だんだんに速さを増して途中のどこかで，ちょうど 6 m/sec となり，あとでは 6 m/sec より速くなっているけれども，これらを平均してみると，結果的にはこの 1 秒間の速さは 6 m/sec であったということにすぎません．したがって，こういう速さは**平均速度**と呼ばれています．

 これに対して，ちょうど 2 秒後の瞬間には，物体はある速度をもっているはずであり，その速度を 2 秒後の点での**瞬間速度**と名づけます．そして，この瞬間速度の大きさは，私たちの 2 次曲線に，2 秒のところで接線を引いたとき，その接線の傾きで表わされるであ

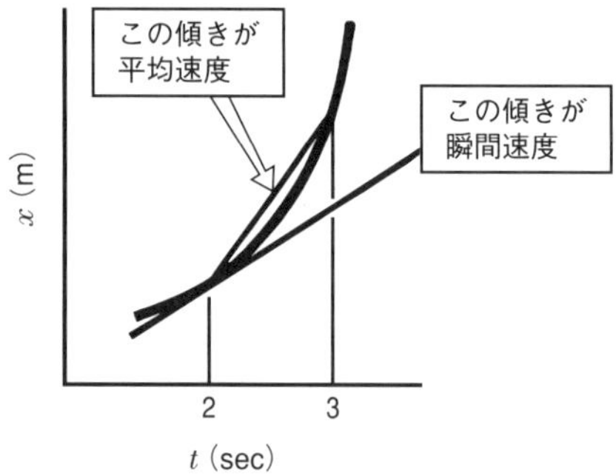

図 1.11

ろうことは，いままでの議論でじゅうぶんに推察していただけることと思います(図 1.11).

私たちが，とくに断らないで速度という場合，それは平均速度ではなく瞬間速度を意味しています．速度制限が 60 km/時の道路は，どの瞬間においても 60 km/時を超えてはならないのであり，はじめの 0.5 時間は 40 km/時で走ったから，残りの 0.5 時間は 80 km/時を出しても平均速度は 60 km/時で合法的であるという理くつは成りたちません．そこで今後，とくに平均速度と断らないかぎり，速度は瞬間速度のことだと思ってください.

瞬間速度を計算するには

ある時刻での速度(瞬間速度)を知りたければ，その時刻で，位置のグラフに接線を引き，その傾きを読みとればよいのですが，作図による方法はどうしても誤差をともないます．そこで，計算によって接線の傾きを計算する方法を考えてみることにします.

前に，2秒後から3秒後までの平均速度が 6 m/sec であること
を知りました．けれども，この値は図 1.11 からもわかるように 2
秒の時点の瞬間速度よりはだいぶ大きい値になっています．それで
は平均速度を計算する区間を"2秒後～3秒後"ではなく"2秒後
～2.5秒後"にせばめてみたらどうでしょうか．きっと 6 m/sec よ
りは，2秒後の瞬間速度に近づくにちがいありません．さらに，平
均速度の計算区間を"2秒後～2.5秒後""2秒後～2.1秒後""2
秒後～2.05秒後"……というように，どんどんせばめていけば，
計算された平均速度は2秒後の時点の瞬間速度にどんどん近づいて
いくことでしょう．

このありさまを，式を使って吟味してみることにします．図
1.12 を見てください．いま私たちが取り扱っている物体の位置 x
は，経過時間 t の関数であり，

$$x = t^2 + t$$

の関係があるのでした．ある瞬間 t_0 におけるこの物体の速度を求
めるために，この曲線の t_0 の点における接線の傾きを計算してみ

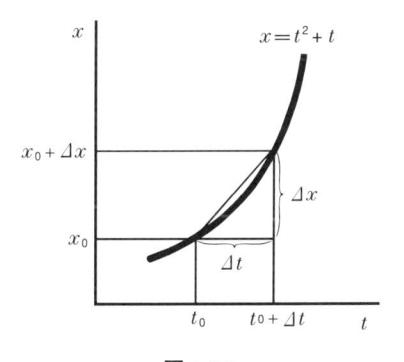

図 1.12

ようというのです．私たちの当面の目標は，2秒後の時点の速度を求めることですから，t_0 における……，などといわないで，2秒後の……としたほうが具体的でわかりやすいようにも思えますが，こういうところに2という数字を使うと，運算の途中で出てくる2倍の2や，2乗の2などとごっちゃになって，かえって式の意味がわかりにくいので，t_0 という記号を使うことにしました．さて，いきなり接線の傾きを計算する方法を，残念ながら私たちはまだ知らないので，まず，

$$t_0 \sim t_0 + \Delta t$$

の区間をとって，その間の傾きの平均——平均速度を表わす——を計算してみます．Δt というなじみのない記号が現れましたが，Δ（デルタ）は一般的に小さいことを表わす記号なので，Δt で，短い時間を表現していると思ってください．この記号は Δt で1つの記号であり，Δ と t のかけ算ではありませんから念のため……．図1.12に現れてくる Δx も，同様に，小さな変位を表わす記号です．

　図を見ながら，つぎの運算を追ってください．この曲線上の点は，すべて，

$$x = t^2 + t \tag{1.1}$$

を満足しているはずですから，

$$x_0 = t_0^2 + t_0 \tag{1.2}$$

$$x_0 + \Delta x = (t_0 + \Delta t)^2 + (t_0 + \Delta t) \tag{1.3}$$

の2つの式が成立しているはずです．私たちが求めようという傾きは，

$$\frac{\Delta x}{\Delta t}$$

ですから，これらの式から Δx を計算する必要があります．それには，式(1.3)の両辺から，それぞれ式(1.2)の両辺を引いてやればよさそうです．引き算をすると，

$$\begin{aligned}\Delta x &= (t_0 + \Delta t)^2 + (t_0 + \Delta t) - (t_0^2 + t_0) \\ &= t_0^2 + 2t_0 \Delta t + \Delta t^2 + t_0 + \Delta t - t_0^2 - t_0 \\ &= 2t_0 \Delta t + \Delta t + \Delta t^2 \\ &= (2t_0 + 1 + \Delta t)\Delta t\end{aligned}$$

となります．したがって "$t_0 \sim t_0 + \Delta t$" 間の傾きの平均，つまり，その間の平均速度は，

$$\frac{\Delta x}{\Delta t} = 2t_0 + 1 + \Delta t \tag{1.4}$$

で表わされます．

　私たちの当面の目標は，2秒後の時点の速度を求めること，すなわち，

$$t_0 = 2$$

の場合の $\Delta x/\Delta t$ を求めることでしたから，式(1.4)の t_0 に2を代入してみると，

$$\left(\frac{\Delta x}{\Delta t}\right)_{t_0=2} = 5 + \Delta t \quad (\text{m/sec})$$

が得られます．Δt に具体的な数字を入れてみるとつぎのようになります．

平均速度を計算する区間	Δt	$(\Delta x/\Delta t)_{t_0=2}$
2秒後～3　　秒後	1 sec	6 m/sec
2秒後～2.5 秒後	0.5 sec	5.5 m/sec
2秒後～2.2 秒後	0.2 sec	5.2 m/sec
2秒後～2.1 秒後	0.1 sec	5.1 m/sec
2秒後～2.05秒後	0.05 sec	5.05 m/sec

この表を見ると，平均速度を計算する区間の幅，つまりΔtをどんどん小さくしていくと，$(\Delta x/\Delta t)_{t_0=2}$は確実に5 m/secに近づいていくことがわかります．ですからきっと，2秒後の時点における瞬間速度は5 m/secなのでしょう．

それが微分だ

もう一度，式(1.4)をふり返ってみます．

$x = t^2 + t$

で表わされる曲線で"$t_0 \sim t_0 + \Delta t$"の区間について傾きの平均(平均速度)を計算してみると，

$$\frac{\Delta x}{\Delta t} = 2t_0 + 1 + \Delta t \tag{1.4}$$

という式で表わされるというのでした．図1.12を見ればわかるように，Δtをどんどん小さくしていくと，Δxもどんどん小さくなっていきますが，$\Delta x/\Delta t$の値は，t_0における接線の傾きにだんだんと近づいていきます．ですから，式(1.4)でΔtを限りなく小さくした極限の値が，t_0における接線の傾きを表わすことになります．

式(1.4)の右辺を見てください．Δtをどんどん小さくしたら，

右辺はどのような値に限りなく近づくでしょうか。第1項の $2t_0$ は，Δt に関係なく，t_0 の値だけで決まるので，Δt がどんどん小さくなってもなんの影響も受けません。第2項は1ですから，Δt がどうであろうと，1は1で不変です。第3項は Δt ですから，Δt が小さくなってゼロに近づけば，第3項だけがゼロに近づき，Δt だけがどんどん小さくなった極限では，第3項はゼロになって消滅してしまいます。つまり，式(1.4)の右辺は，Δt が小さくなった極限では，

$$2t_0+1$$

という値に落ち着きます。このことを，

$$\lim_{\Delta t\to 0}(2t_0+1+\Delta t)=2t_0+1 \tag{1.5}$$

と書いて表わします。lim は limitation（極限）の略であり，その下に $\Delta t\to 0$ と書いてあるので，$(2t_0+1+\Delta t)$ において Δt をゼロに近づけた極限は，$2t_0+1$ であるということを意味しています。

式(1.4)は，"$t_0\sim t_0+\Delta t$" の区間について平均速度を求める式でした。私たちはいままで t_0 というある固定した時刻を想定して議論を進めてきています。つまり，私たちは時間の流れを t で表わし，その中にある固定した t_0 を想定しているのです。けれども，t_0 は2秒後であろうと，2.7秒後であろうと，他のどのような時刻であろうと一向にさしつかえのない一般性をもっています。そうであるならば，とくに t_0 という固定した時刻にこだわらず，時間の流れを表わす t で議論を進めても同じことです。t という記号を，必要に応じて2秒後や2.7秒後に固定して考えればよいだけの話ですから……。

したがって，式(1.4)はもっと一般的に，

$$\frac{\varDelta x}{\varDelta t} = 2t + 1 + \varDelta t \tag{1.6}$$

と書くことができます．この式で $\varDelta t \to 0$ の極限を表わしてみると，

$$\lim_{\varDelta t \to 0} \frac{\varDelta x}{\varDelta t} = \lim_{\varDelta t \to 0} (2t + 1 + \varDelta t)$$

$$= 2t + 1 \tag{1.7}$$

となります．そして，

$$\lim_{\varDelta t \to 0} \frac{\varDelta x}{\varDelta t} \quad \text{を} \quad \frac{dx}{dt}$$

と書いて表わします．d は，$\varDelta$ の極限の姿だと思ってください．$\frac{\varDelta x}{\varDelta t}$ は，$\varDelta x$ を $\varDelta t$ で割ったものですが，dx/dt は，もはや dx を dt で割ったものではありません．それ自体が1つの記号です．$\varDelta t \to 0$ とすれば，図 1.12 からもわかるように $\varDelta x \to 0$ ですから，dx/dt を割り算と考えると，0/0 となって数学上意味がなくなってしまいます．これから先，dx/dt をあたかも $dx \div dt$ であるかのように取り扱って，通分したり約分することがあり，また，そういった運算ができることがこの記号の大きな特長なのですが，とりあえずは，dx/dt は1つの記号であると考えておいてください．そして，この記号が **x を t で微分する** という記号なのです．すなわち，x を t で微分するということは，x が t の関数であるときに，x を表わす曲線の傾きを求めること，ということができます．

この節の内容を整理します．位置 x と経過時間 t の間には，

$$x = t^2 + t$$

で表わされる関係があります．この関係は，図 1.13 の下の曲線で示されています．各瞬間の速度は，この曲線の傾きで表わされ，そ

の値は x を t で微分すれば求めることができ,

$$\begin{aligned}\frac{dx}{dt} &= \lim_{\Delta t \to 0} \frac{\Delta x}{\Delta t} \\ &= \lim_{\Delta t \to 0}(2t+1+\Delta t) \\ &= 2t+1 \end{aligned} \quad (1.8)$$

となって,速度も t の関数となります.その関係は図 1.13 の上のグラフに示されています.

なお,前にも述べたことですが,位置の単位は m,時間の単位は sec ですから,位置のグラフの接線は m/sec の単位になり,速度の単位と一致していることに注意してください.

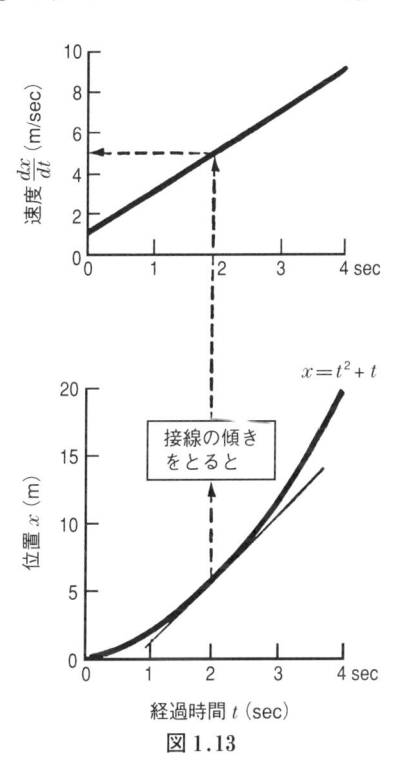

図 1.13

2. 微分と積分の間

鳥の視野と虫の視野

　高いところから全体を見渡して描いた地図や風景を鳥瞰図といいます．英語でも bird's-eye view というのですが，空を飛んでいる鳥の目には，地上の風物は，文字どおり鳥瞰図となって映るからでしょう．

　これに対して，虫瞰図という新語を，使う方もいるようです．大局的に全体を眺めることも必要だろうが，虫のように，自分のごく身近な範囲を，とっくりと眺めることも必要だというので，そういう見方をした図形を虫瞰図というのだそうです．英語に翻訳すると，insect's-eye view でしょうか．それとも，worm's-eye view でしょうか．はいずりまわり，身をもって自分の足元を認識するという感じからいうと，後者のほうが，ぴったりするかもしれません．

　ところで，微分の考え方は，まさに虫瞰図です．たとえば，前の

2. 微分と積分の間

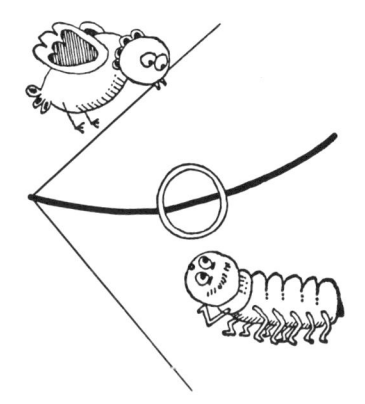

鳥が見ると曲がっている
虫が見ると曲がっていない

章で取り扱った例に，

$$x = t^2 + t$$

という関係がありました．経過時間 t と位置 x との関係が，この式で表わされたのでした．この式は，2次式ですからグラフに描けば曲がった曲線になります．たとえば，16ページの図1.9のように，t が 0～4 sec の範囲の x をグラフに描けば，明らかに曲がって見えます．けれども，それは，私たちの目がグラフから数十 cm も離れており，グラフ全体が一望に収められるから，いいかえれば，空を飛ぶ鳥の目で全体を見ているからです．もし，私たちが，グラフの上をはいずりまわっている 1 mm にも満たない虫であるとしたらどうでしょうか．曲線のごく一部だけしか視野にはいらないし，そのかぎりでは，曲線のその部分はほとんど直線に見えるにちがいありません．さらに誇張して，無限に視野が狭い虫にとっては，曲線上のどの部分も，ほとんど完全に直線に見えるはずです．

すなわち，私たちが取り扱っている2次曲線は，たしかにカーブ

してはいるけれども、無限に細かく区切ってみれば、その1つひとつは無限に小さい直線であると考えることができます。t と x の関係がグラフ上で直線で表わされるなら、話は簡単です。x の変化率は、その直線の傾きで表わされますから、x の変化率という概念がはっきりとしてきました。

図 2.1 を見てください。t における x の変化率を求めようとしているところです。変化率は、t がちょっとふえたときに x がどのような割合でふえるかの割合のことですから、

$$\frac{\varDelta x}{\varDelta t}$$

で表わされることは、前の章で述べたとおりです。ところで、鳥の目は視野が広いので、鳥の目から見ると、上の図のように $\varDelta t$ の間でも曲線の曲りが見られます。したがって、$\varDelta x/\varDelta t$ は t における傾きより、少し大きめになっています。つまり、$\varDelta x/\varDelta t$ を t における曲線の傾きとみなすと誤差があるということになります。

けれども、虫には曲線のカーブが見渡せるほど広い範囲が見えませんから、曲線の一部は、底辺を $\varDelta t$、高さを $\varDelta x$ とする

鳥の目から見れば

虫の目から見れば

極限では

この傾きが
$\frac{dx}{dt}$

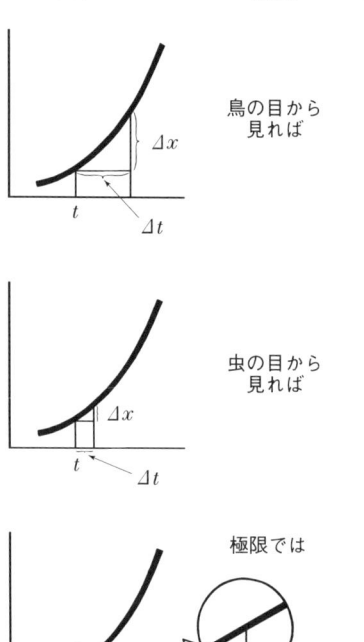

図 2.1

2. 微分と積分の間

直角三角形の斜辺と一致してしまいます．したがって，t における曲線の傾きは $\Delta x/\Delta t$ とみなしてもほとんど誤差がありません．さらに，視野を狭くした極限を考えれば，曲線は完全に直線とみなされてしまい，$\Delta x/\Delta t$ は t における傾きを正確にいい表わすことになります．この極限における $\Delta x/\Delta t$ を，

$$\frac{dx}{dt}$$

と書いて，x を t で微分した値というのでした．

ところで，虫瞰図的なものの見方も，たしかに1つの見方ではありますが，これだけでは不完全です．木を見て森を見ず，のたとえどおり，全体がどうなっているかの理解がおろそかになってしまいます．もともと人間の思考はついつい自分中心になりやすく，自分を含む全体の構造の認識に欠け，自分が全体の中で占めている立場や役割に対する正しい理解が不足する傾向があり，とくに社会が複雑化し多様化した近代社会ではその欠陥が目立ち，さまざまな歪みとなって現れています．全体を見渡し，全体としての最適化を追い求めるためのシステム思考が叫ばれているゆえんが，ここにあります．

曲線の場合も同じことです．虫の目から見れば，小さい直線の連続であっても，その小さい直線が積り積って，結果的に見れば，鳥の目に映るように，なめらかなカーブをした曲線になっているのです．微視的な見方と，巨視的な見方の矛盾を数学ではどう取り扱っているのでしょうか．微視的な立場の微分と，その寄せ集めで結果がどうなるかを巨視的に見る積分との関係を，調べていこうと思います．

ちりも積れば山となる

　等速運動を例にとって，位置のグラフと速度のグラフとの関係を描いた図 1.5(12 ページ)をもう一度見てください．位置のグラフの傾きを読みとってグラフを描くと速度のグラフになり，速度のグラフから面積を読みとってグラフに描くと，位置のグラフが誕生するのでした．

　速度が時間の経過について増大する例でも，25 ページの図 1.13 のように，位置のグラフの傾き —— 位置 x を時間 t で微分した値 —— を，いろいろな時間の点で読みとって，それをグラフに描くと速度のグラフになるところまでは，つきとめてあります．そこで，前例にならって，速度のグラフの面積が位置を表わしていることも確認しておこうと思います．速度のグラフは直線になり，その方程式は式(1.8)で計算したように，

$$\frac{dx}{dt} = 2t + 1$$

で表わされます．そうすると，ある時刻 t までの間に，この直線と x 軸とに囲まれる面積は，図 2.2 のような台形の面積であり，それは，

$$\frac{(2t+1+1)t}{2} = t^2 + t$$

となります．この値は，時間とともに変化する位置 x の値と，まったく気持ちよく一致します．したがって，速度が時間とともに増加する例でも，

2. 微分と積分の間

$$\text{速度のグラフ} \xrightleftharpoons[\text{傾きをとると}]{\text{面積をとると}} \text{位置のグラフ}$$

という関係が成立していることがわかりました(図2.3).

ところで,速度のグラフの面積が,なぜ位置を表わすのかを,前にもコンコンチキチキのところで説明したのですが,もう一度考えてみようと思います.コンコンチキチキのときには,速度が経過時間に関係なく一定でした.だから,1 sec の間に移動する距離(変位)をつぎつぎと加算していけば,所望の時刻までの移動距離が求められたのでした.こんどは速度が一定ではなく,たとえば,図2.4のように,時間の経過につれて速度が速くなったり遅くなったりしている一般の場合について考えてみようというのです.図2.4のように経過時間を Δt_1, Δt_2, Δt_3 の幅で分割します.分割の幅は

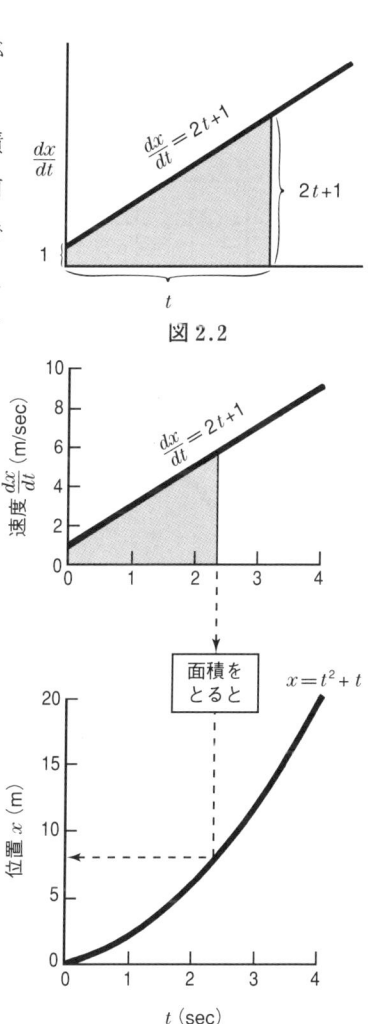

図 2.2

図 2.3

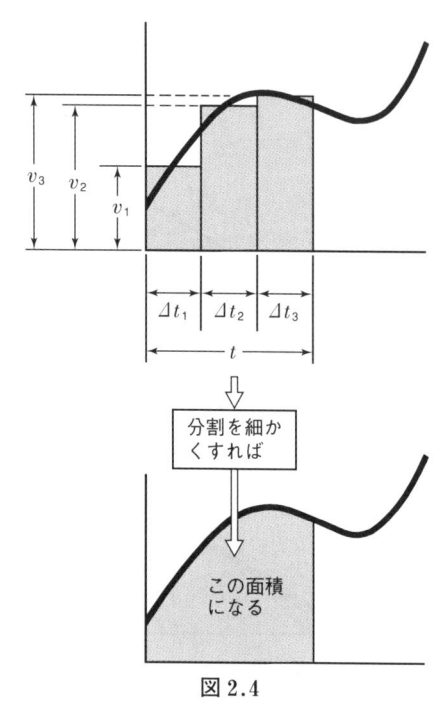

なるべく細かいほうがよいのですが，あまり細かく分割すると，図がごみごみして見にくくなるので，図では3区画に分割してあります．気持ちのうえでは，非常に細かく分割してあるものと思ってください．前には，位置 x を時間 t で微分した値が速度であるという立場から，速度を dx/dt と書きましたが，ここでは，速度そのものに記号を与えて v で表わしてあります．

図 2.4

ある非常に短い時間 Δt_1 の間にも，速度は変化していますがほぼ平均の速度と思われる v_1 で Δt_1 の間の速度を代表してみましょう．そうすると Δt_1 の間に物体は，

$v_1 \times \Delta t_1$（いちばん左の長方形の面積）

だけ移動することになります．以下，同じように考えていけば，

　　Δt_1 の間に　$v_1 \cdot \Delta t_1$ だけ移動

　　Δt_2 の間に　$v_2 \cdot \Delta t_2$ だけ移動

　　Δt_3 の間に　$v_3 \cdot \Delta t_3$ だけ移動

ということになり，その結果として，

　　$\Delta t_1 + \Delta t_2 + \Delta t_3 = t$

の間に,薄ずみを塗った面積分だけ変位が行われたことになります.

頭の中で,t をたった3区画に分割するのではなく,もっともっと細かく分割した場合を考えてみてください.理くつは同じことであり,速度の曲線に囲まれた面積が変位(移動距離)を表わしていることを,納得していただけるでしょう.

別のいい方をすれば,瞬間瞬間に移動する距離は,ある瞬間の速度にその瞬間の幅をかけ合わせた値であり,その瞬間的な移動がつぎつぎと加算されて,ある時間内の移動距離ができ上がっているということがいえます.「ちりも積れば山となる」のたとえどおり,どんな大きな移動距離も瞬間的な移動が積り積ってでき上がることをお忘れなく…….

それが積分だ

速度と位置との間には密接な関係があって,

$$\text{速度のグラフ} \xrightleftharpoons[\text{傾きをとると}]{\text{面積をとると}} \text{位置のグラフ}$$

という関係で結ばれています.そして,位置のグラフの傾きを求めることを,位置 x を時間 t で微分するということはすでに書きました.これに対して,速度のグラフに囲まれた面積を計算することを,速度(v または dx/dt)を時間 t で**積分**するといいます.すなわち,

$$\text{速度} \xrightleftharpoons[\text{時間で微分すると}]{\text{時間で積分すると}} \text{位置}$$

ということになります.数行前の表現と比べると,グラフという文字が落ちていますが,それは,

積分: グラフを描いて，面積を計算する

微分: グラフを描いて，傾きを計算する

と考えておけばよいからです．積分は，すでに何度も書いてきたように「その結果どうなったか」です．速度は位置の変化率，すなわち，位置を微分したものであり，「位置はどう変化しているか」を表わしているのに対して，速度が時々刻々変化しているにしても，その結果どの位置まできたかを，速度を積分した値が示しております．

ここで，積分ということについて，もう少しつけ加えておく必要がありそうです．これから使う記号は，t や v だけにこだわる必要はないのですが，いままでのいきがかり上，横軸に t を，縦軸には v を使うことにしましょう．t をある値に固定すれば，v の値も決まってしまう関係があるとします．こういうとき，v は t の**関数**であるといい，function(関数)の頭文字を借用して，

$$v = f(t)$$

で表わすことは，ご存じのとおりです．たとえば，

$$v = t^2 + t$$

$$v = \sin t$$

$$v = \frac{\sqrt{t}}{at + b}$$

などは，どの場合でも t の値を決めてやると自動的に v の値が決まってしまいます．こういう関係のすべてを，ひっくるめて，

$$v = f(t)$$

と書いてしまうことに約束しているだけの話です．

さて，v と t のこの関係をグラフに描いてみると，ぐにゃぐにゃ

と曲がってはいるけれどなめらかな曲線になったと思ってください.
この曲線と t 軸とに囲まれた面積を計算することが積分なのです.

この面積は,t のどの範囲を対象とするかによって変わってきますから,

　　t が　0からt_0まで　の範囲

で面積を求めるものとします.そうすると,この面積は,

$$\int_0^{t_0} f(t)dt$$

で表わされます.善良な市民に恐怖感と嫌悪感を催させずにはおかないこの記のいわれなどについては,また章をあらためてお話しすることになりますが,いまのところは,図 2.5 に示したように,$f(t)$ の曲線と横軸にはさまれた面積を,t を 0 から t_0 まで変化させながら寄せ集めた結果――つまり,薄ずみを塗った部分の面積を表わす記号だと考えておいてください.

ところで,図 2.5 からも明瞭なように,この積分の値――薄ずみを塗った面積の大きさ――は,t_0 を t 軸上のどこに決めるかによって変わってきます.t_0 が小さければ面積も小さいし,t_0 が大きくな

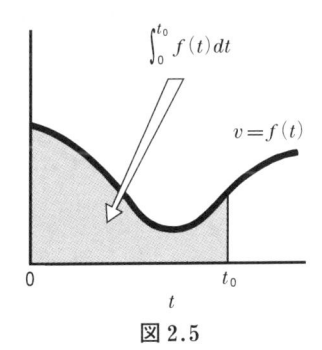

図 2.5

ると面積も大きくなるからです．そこで，t_0 をいろいろに変化させて面積をかんじょうし，その結果を描くと図 2.6 の下のグラフのようになります．たとえば t_0 が t_1 であるとき，いいかえれば，t を 0 から t_1 まで変化させながら $f(t)$ を積分した値は二重斜線を施した部分の面積ですし，また，t_0 が t_2 であるとき，すなわち，0 から t_2 までの範囲で積分すれば，その値は斜線部（二重斜線部を含む）の面積となる，という調子です．

こうして得られた積分の値は t_0 の関数となっています．t_0 を t 軸上のどこに決めるかによって積分の値も決まってくるからです．

ところで，t_0 は，t 軸上に固定して考えた 1 つの点ですが，しかし t 軸上のどこにとってもさしつかえありません．つまり，t_0 は t 軸上の特異な点はないので，t そのものと考えてもかまわないはずです．したがって，積分の値は，もっと一般的に t の関数であると

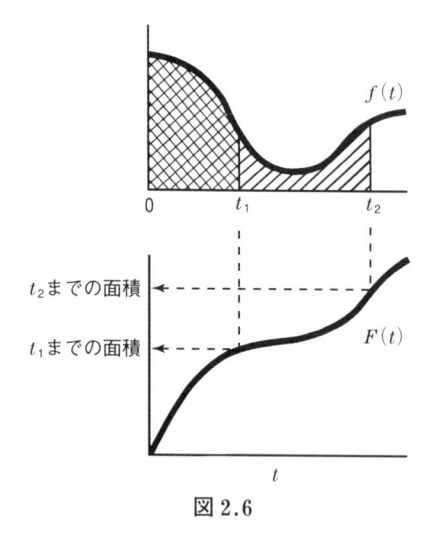

図 2.6

いうことができます．その t を，t_0 や t_1 や 1.25 などの具体的な値に固定して考えればよいだけですから……．この積分の値，すなわち，$f(t)$ を 0 から t まで積分した値は，また t の関数として表わすことができ，ふつうは，これを $F(t)$ と書きます．式で書くと，

$$F(t) = \int_0^t f(t)dt \tag{2.1}$$

ということになるのですが，この式にむりになじもうとすると精神衛生によくないので，式にはこだわらず，図 2.6 の意味を汲みとっておいてください．

もちろん，$F(t)$ の単位は $f(t)$ の単位に t の単位をかけ合わせたものになっているはずです．なぜかというと，$f(t)$ のグラフの単位は，縦軸 $f(t)$ の単位そのものであり，また，横軸の単位は t の単位です．したがって，$f(t)$ のグラフ上に表わされる面積の単位は，

　　　　$f(t)$ の単位 × t の単位

であるはずです．そして，この面積を計算したものが $F(t)$ ですから，$F(t)$ の単位は $f(t)$ に t の単位をかけ合わせたものであるのに決まっています．

微分と積分の間

前のページの $f(t)$ と $F(t)$ の図をご覧ください．$f(t)$ を積分した値が $F(t)$ なのだと，この図は物語っています．ところが，速度と位置についてこれまでに試みた考察では，

$$\text{速度} \xrightleftharpoons[\text{微分すると}]{\text{積分すると}} \text{位置}$$

の関係がありました．$f(t)$ とか $F(t)$ とかいう表現は，それが時間 t の関数であることを意味しているだけで，時間の関数でさえあれば速度でも変位でも一向にさしつかえなく，ただ，$f(t)$ を積分すると $F(t)$ になるという関係だけが要求されています．そこで，$f(t)$ を速度，$F(t)$ を位置と考えてみましょう．そうすると，$f(t)$ を積分したものが $F(t)$ である点ではつじつまが合っています．あとは，$F(t)$ を微分したものが $f(t)$ になることが証明できさえすれば，すべてのつじつまが合い，「ある関数を積分してできた関数を微分すると，もとの関数に戻る」という性質が確認できることになります．そこで，$f(t)$ を積分して得た $F(t)$ を，微分するともとの $f(t)$ に戻ってしまうことを証明してみることにします．

はじめに，微分の意味を思い出しておきましょう．$F(t)$ を微分するということは，$F(t)$ の曲線に t において引いた接線の傾きを求めることでした．そのために，図 2.7 のように t を Δt だけ増したときの $F(t)$ の増加分 $\Delta F(t)$ を使って，

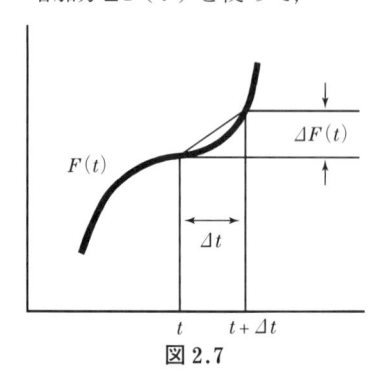

図 2.7

$$\frac{\Delta F(t)}{\Delta t}$$

という傾きを考え，Δt をどんどん小さくしてゼロに近づけたこの傾きの極限を求めて，それを微分した値とするのでした．すなわち，気どって書けば，

$$\frac{dF(t)}{dt}=\lim_{\Delta t\to 0}\frac{\Delta F(t)}{\Delta t} \tag{2.2}$$

ということになります．

さて，図 2.8 を見ていただきます．$f(t)$ を積分した値が，つまり $f(t)$ の面積を，横軸が 0 から t までの範囲で測量した値をグラフに描いたのが $F(t)$ でした．t を Δt だけ増加させたところ，$F(t)$ が $\Delta F(t)$ だけ増したというのですから，この $\Delta F(t)$ は，上図に薄ずみを塗った部分の面積を表わしているにちがいありませ

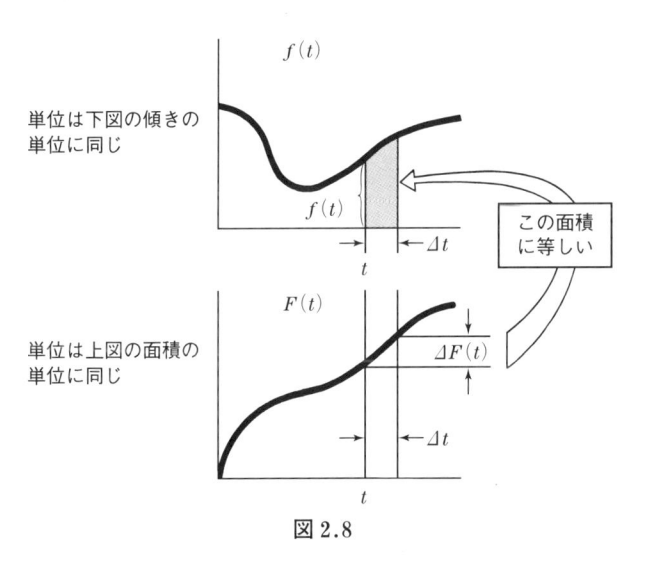

図 2.8

ん．では，この面積はどれだけの大きさでしょうか．薄ずみを塗った部分は，幅が Δt であり，高さは左の縁に沿って測ると $f(t)$ になっています．いっぽう，右の縁に沿って測れば，$f(t+\Delta t)$ の高さであり，このグラフでは $f(t)$ よりいくらか高くなっていますが，一般的にいえば，$f(t+\Delta t)$ は $f(t)$ よりも高かったり低かったりまちまちでしょう．ですから，薄ずみを塗った部分の面積は，

$$\Delta t \cdot f(t)$$

よりいくらか大きいか小さいかだと思われます．けれども Δt がごく小さければ，実際の面積は $\Delta t \cdot f(t)$ とほぼ同じだと考えてよいし，Δt が小さくなった極限の状態では，薄ずみを塗った部分の面積，すなわち，$\Delta F(t)$ は $\Delta t \cdot f(t)$ に等しいとすることができます．つまり，$\Delta t \to 0$ の極限では，

$$\Delta F(t) = \Delta t \cdot f(t)$$

ということになります．この式の両辺を Δt で割ると，

$$\frac{\Delta F(t)}{\Delta t} = f(t)$$

ですが，これは Δt をどこまでも小さくした極限での話ですから，正確には，

$$\lim_{\Delta t \to 0} \frac{\Delta F(t)}{\Delta t} = f(t) \tag{2.3}$$

と書くのがほんとうです．この式の左辺は，前ページで思い出しておいたように，$F(t)$ を t で微分することを意味していますから，

$$\frac{dF(t)}{dt} = f(t) \tag{2.4}$$

という関係が発見されました．$F(t)$ は，もともと $f(t)$ を積分し

2. 微分と積分の間

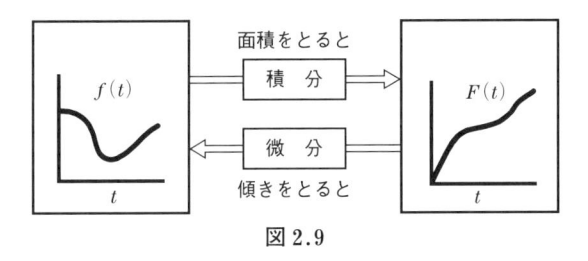

図のボックス: f(t) ⇄ F(t)（面積をとると→積分、微分←傾きをとると）

図 2.9

てできた関数だという前提で話が進んできたのですから，図 2.9 で示すように「ある関数を積分してできた関数を微分するともとの関数に戻る」ということが確認できました．

おめでとうございました．

位置と速度の間

動いている物体の位置と速度との関係を考察したところ，

$$\text{速度}\ f(t) \xrightleftharpoons[\text{微分すると}]{\text{積分すると}} \text{位置}\ F(t)$$

の関係が発見されたのですが，この関係のもつ現象的な意味をもう一度整理してみようと思います．

まず，位置を微分するとなぜ速度になったのでしょうか．こういうことでした．私たちは，急激に位置が変わっていくとき速度が大きいと感じ，位置の変化が緩慢であれば速度が小さいといいます．つまり，速度とは位置が時間につれて変化する割合，ひとくちにいえば，位置の変化率であるということができます．そして，位置の変化の割合は「時間〜位置」のグラフ上に傾きとなって現れているし，この傾きを計算することが微分なのですから，位置を微分して

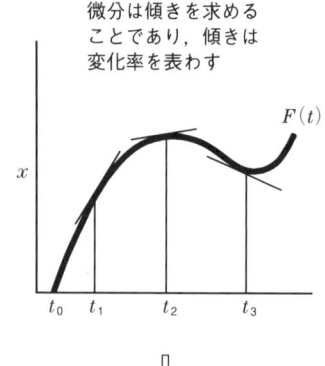

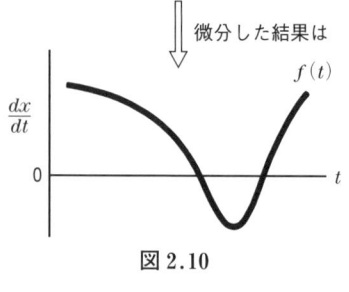

微分は傾きを求めることであり，傾きは変化率を表わす

図 2.10

得た値が速度を表わしているという筋書きになったのでした．

この思考過程から明らかなように，微分とは変化率を求めることだ，と考えてよいでしょう．そして，微分してみると，どう変化しているかが明らかになります．図 2.10 を見てください．t_1 では曲線の傾きが大きい，いいかえると微分した値が大きいので，t が少しだけふえると x がぐんと大きくなることがわかります．t_2 では，微分値があまり大きくないので，t が少しふえても x はほとんど増加しないでしょう．t_3 では，微分値はマイナスの値をとります．なぜなら，t がふえると x が減少するので，傾きがマイナスになるからです．いままでどおり，t は時間を，x は位置を表わしているとして，このグラフがどういう運動を意味しているかを考えてみてください．はじめのうちは，物体はかなり速い速度で前進します．けれども t_1 を越した頃から速度は遅くなり，t_2 をすぎてしばらくすると，ある瞬間まったく停止し，その後速度はマイナスになります．つまり物体は逆戻りをはじめます．そして，t_3 をすぎて間もなく，速度がプラスになるので，物体は再度前進を開始する，というわけです．

つぎに，速度を積分すると，なぜ位置になったのかを思い出して

2. 微分と積分の間

みましょう．31ページあたりに書いたように，速度が変化しながら移動している物体についていえば，ある瞬間は，速度にその瞬間の幅を掛け合わせただけ移動するはずであり，その瞬間的な移動がつぎつぎと加算されて，結果的にある時間内の位置の変化となって現れるのですが，これらの瞬間的な移動の総計は，ちょうど速度のグラフに描き出される面積に等しく，そして，面積を求めることが積分であったからです．

図 2.11 は，図 2.10 とは反対に，積分の意味を説明しています．ある時刻 t_0 から物語をはじめてみましょう．t_0 のときには前進方向にかなり大きな速度 (dx/dt) をもっています．ですから位置 x はどんどん変化し，t_0 から t_1 までの少しの間に $F(t_1)$ だけ前進してしま

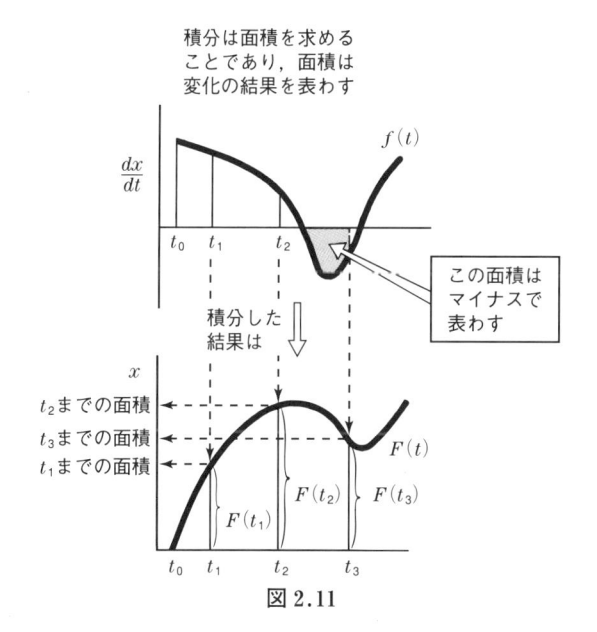

図 2.11

います．ところが，その後は速度(dx/dt)が弱まってくるので，時間が経過するわりに位置が伸びず，t_2の時点でやっと$F(t_2)$の位置に到達します．さらに時間が経過すると，速度はマイナスになるので後退をはじめ，t_3の時点では$F(t_3)$の位置までバックしてしまいます．

この思考過程からつぎのことがわかります．速度は位置の変化のことなのですが，速度を積分するということは，いろいろに位置の変化をしながら，結果的にどういう位置に到達しているかを計算することを意味しているわけです．つまり，この本の書き出しに書いたように，

　　微分は，どう変化しているか

　　積分は，その結果どうなったか

を調べているといえるでしょう．

世の中は澄むと濁るの違いにて

微分と積分の関係を，位置と速度をモデルにして説明してきました．けれども，微分や積分の対象は位置や速度だけではありません．早い話が，位置を時間で微分すると速度になるのですが，その速度もやはり時間の関数ですから，もう一度，時間で微分できるはずです．たとえば，前に使った例のように，位置 x が時間 t の関数であり，

$$x = t^2 + t$$

で表わされる場合を思い出してみましょう．この x を t で微分してみると式(1.8)で計算したように，

$$\frac{dx}{dt} = 2t + 1 \quad (2.5)$$

になったのでした．この dx/dt は速度を表わしており，時間とともに増大していくのがわかります．

ところで，この速度をもう一度微分したらどうなるでしょうか．速度のグラフは図 2.12 の上から 2 番めのグラフのように傾きをもった直線で表わされます．この直線は t が 1 sec ふえると速度が 2 m/sec だけ増加することを表わしていますから，この直線の傾き，すなわち，速度 dx/dt を微分した値は，

$$\frac{2 \text{ m/sec}}{1 \text{ sec}} = 2 \text{ m/sec}^2$$

となります．そして，これは速度の変化率であり，速度が時間の経過につれてどのように増減をしているかを教えてくれます．いまの例では，速度の変化率は 2 m/sec² なので 1 sec 経つごとに速度が 2 m/sec ずつ増加し

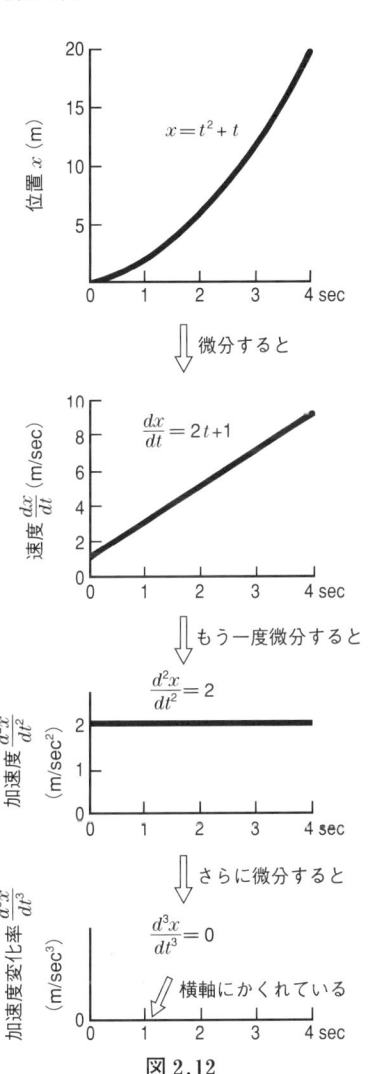

図 2.12

ていくことを示しています．速度の変化率には，**加速度**という名前がつけられており，この例のように加速度が時間に関係なく一定（$2\,\mathrm{m/sec^2}$）であるような運動は，**等加速度運動**とよばれています．

加速度は，速度 dx/dt をもう一度 t で微分したのですが，このような運算，つまり dx/dt をもう一度微分することは，

$$\frac{d}{dt}\left(\frac{dx}{dt}\right)$$

と書き，また，x を t で 2 回微分することを，

$$\frac{d^2x}{dt^2}$$

と書く約束になっています．x を t で 2 回微分するには，一度微分して dx/dt を作り，さらにそれを微分して d^2x/dt^2 を作るのですから，

$$\frac{d^2x}{dt^2}=\frac{d}{dt}\left(\frac{dx}{dt}\right)$$

です．けれども，dx/dt がすでに与えられていて，これを微分するときには $\frac{d}{dt}\left(\frac{dx}{dt}\right)$ と書き，x が与えられていて，これを 2 回微分するときには d^2x/dt^2 を使うというように使い分けるのがふつうです．なお，これらの記号はすべてひとかたまりで記号になっているのですから，分子や分母を，また，d や t をばらしてはいけません．

微分の記号になれるために，もう少しだけ付き合ってください．いままでの議論は，ほとんどすべて x が t の関数であるとしてきました．けれども，記号はそのときどきで都合のよいように決めるのですから，いつも x が t の関数であるとはかぎりません．たとえば，半径 r の円の面積 S は，

2. 微分と積分の間

$$S=\pi r^2$$

ですし，S は r によって一義的に決まりますから，S は r の関数です．こういうとき，

$$S=f(r)$$

と書いて，S が r の関数であることを表わすのでした．そして，S が r の関数であることを明記したいときには，ただ S と書くかわりに，

$$S(r)$$

と書いてやれば，S が r の関数であることが，なお明瞭になります．もちろん，円の面積を x とし，半径を t とすれば，x が t の関数であるという形式にはなりますが，どちらかといえば，半径（radius）は t よりも r のほうが，ぴったりした感じです．

そういうわけですから，ケース・バイ・ケースでいろいろな記号が関数関係を表わすために使われますが，その1つ，

$$S=f(x)$$

を例にとって，微分の表わし方を列挙してみましょう．S を，すなわち $f(x)$ を x で1回微分することを表わすには，

$$\frac{dS}{dx} \tag{ⅰ}$$

$$\frac{d}{dx}S(x) \tag{ⅱ}$$

$$\frac{df}{dx} \tag{ⅲ}$$

$$\frac{d}{dx}f(x) \tag{ⅳ}$$

のどれでも同じことです．（ⅰ）と（ⅱ）は，x の関数である S を x で微分することを表わしており，（ⅱ）は，S が x の関数であることを親切にいい添えているにすぎません．（ⅲ）と（ⅳ）は，S を表わす x の関数の形——たとえば，x が円の半径，S が円の面積なら πx^2 ——を x で微分することを表わしており，f が $f(x)$ の略であることがわかりきっているようなときには，（ⅲ）のように書いてしまいます．

S を，すなわち $f(x)$ を x で2回微分する場合にも，同様に目的に応じて，

$$\frac{d^2S}{dx^2}, \quad \frac{d^2}{dx^2}S(x)$$

$$\frac{d^2f}{dx^2}, \quad \frac{d^2}{dx^2}f(x)$$

のどれかを書けばよく，もしも n 回微分するなら，

$$\frac{d^nS}{dx^n}, \quad \frac{d^n}{dx^n}S(x)$$

$$\frac{d^nf}{dx^n}, \quad \frac{d^n}{dx^n}f(x)$$

という書き方をすればよいことになります．さらに，もっと簡単には，1回微分を，

$$S', \quad f'(x)$$

と略記し，2回微分なら，

$$S'', \quad f''(x)$$

n 回微分なら，

$$S^{(n)}, \quad f^{(n)}(x)$$

と書いてしまってもさしつかえありません．ただし，「′」をはっき

「 ′ 」があるなしで意味がまったくちがってしまう

りと書く必要があります．「世の中は，澄むと濁るの違いにて，ハケに毛があり，ハゲに毛がなし」というざれ歌があるように，「 ′ 」のあるなしで，また「 ′ 」の数で，式の内容がまったく変わってしまうからです．

　この章では，主に微分と積分の関係を取り扱ってきました．ほんとうをいうと，微分と積分の関係では，もう少し書かなければいけないことがあるのですが，あとまわしにしようと思います．日頃あまり見なれない記号を使ってミリミリした解説が続いたので，読むほうもお疲れになったでしょうし，書くほうもくたびれました．

3. 極大と極小を求めて

極と最との違い

 公害だらけの都会を逃れて,緑豊かな草原に住むことにしたと思っていただきます.せっかく牧歌的な情況を設定したのですから,生活の苦労は持ち込みたくはないのですが,仙人ならぬ悲しさ,霞と緑豊かな草原だけでは食っていけません.そこで,乳牛の数頭も飼って,生活の糧を得ようと思います.まずは,柵を作って生活の糧の逃亡を防ぐ必要があります.幸いに,ちょうど 100 m 分の柵を作る材料が手元にあるので,長方形の囲みを作ることにしました.どうせなら,牧草の量を豊かにするために,囲みの面積を最大にしたいのですが,囲みの縦と横の寸法をいくらにしたらよいでしょうか.

 このクイズを数学的に表現すると,つぎのようになります.柵で囲まれた長方形の寸法を,図 3.1 のように縦 x m 横 y m としまし

図 3.1

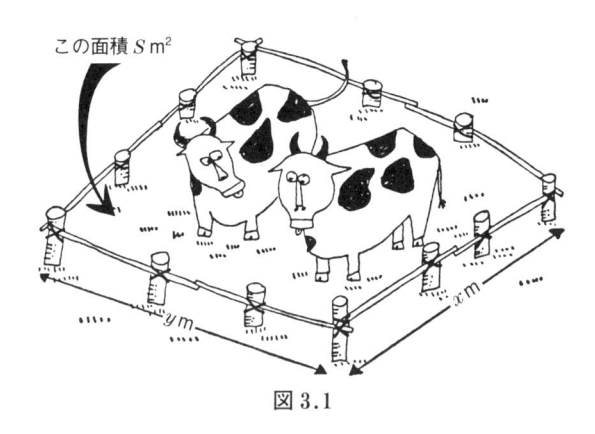

ょう．縦と横の柵の長さの総計を 100 m にする必要があるので，

$$2x+2y=100 \text{ m} \tag{3.1}$$

という条件が成立しなければなりません．そして，柵に囲まれた長方形の面積を $S\text{ m}^2$ とすると，

$$S=xy \tag{3.2}$$

であり，この S を最大にするように，x と y を決めてほしいというのが問題です．牧歌的なナゾナゾも，数学にかかっては，たちまち色あせた問題になってしまい，味もそっけもありません．

さて，ナゾ解きにはいる前に，いくらか直感的な考察をしてみましょう．柵の縦・横の寸法を，つまり，x と y をいろいろに変化させたとき，柵に囲まれた面積 S がどのように変化するか見当をつけておこうというのです．直感的な考察の手掛りは，多くの場合，極端な条件を導入することによって得られます．たとえば，縦の長さ x を思いきり長くしてみたらどうなるでしょうか．思いきり長くしようにも柵の全長は 100 m 限りですから，x は 50 m どまりです．そのときには，横の寸法は 0 m になってしまい，柵が 50 m の長さ

で往復しているだけで，乳牛のはいるような面積はまったくありません．

x を 50 m から少し減らすと，その分だけ y をとることができるので細長い面積が出現します．長さは 50 m 弱で，ごく細長い長方形ですから，面積はきっと，いくばくもないでしょう．x をもっと減らして y をふやしていくと，柵の形はだんだん正方形に近づいていき，面積もかなり大きくなりそうです．けれども y をふやしすぎると，こんどは逆効果です．面積は減りはじめます．y が大きくなりすぎて 40 m にもなると，こんどは逆に横長の長方形になってしまい，x が 50 m に近い場合と同じかっこうになってしまうからです．

x が大きいときには面積は小さく，x が小さくなると面積が増加し，また，x が小さくなりすぎると面積はふたたび小さくなるのですから，縦の長さ x につれて，面積 S はたぶん図 3.2 のように変化するでしょう．けれども，x がいくらのときに S が最大になるかは，直感的な考察では，まだ判然とはしません．x と y とが等しいとき，つまり，柵の囲みが正方形のときに面積が最大になるような気もしますが，あるいは，x と y の比が黄金比*のときにもっとも安定して美しい長方形になるといわれているぐらいですから，そのときに面積も最大になるのかもしれません．

さて，x を決めれば式(3.1)の関係から必然的に y も決まり，その結果，式(3.2)の関係によって S の値が求まります．つまり，S

---

* $x:y=y:x+y$ になるような $x:y$ を黄金比といいます．約 1 : 1.618 です．名刺，10 本入のたばこの箱，新書判の本などが，ほぼ黄金比の長方形になっています．

3. 極大と極小を求めて

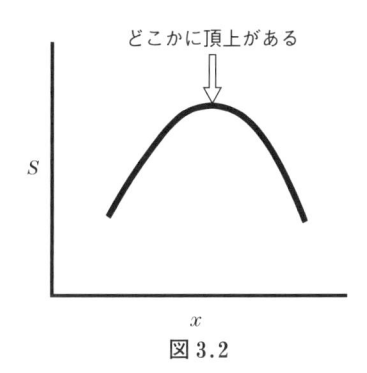

どこかに頂上がある

図 3.2

は x の関数であり，

$$S = f(x)$$

と書き表わすことができるはずです．そして，その関数関係は，いまの直感的な考察結果によると，図 3.2 のように，x が適当な値であるときに，S が最大になるらしいと思われます．こういうとき，S が最大になるような x を見つけるには，どのようにアプローチしたらよいでしょうか．

ヒントは，図 3.2 の曲線の傾きです．$S = f(x)$ の曲線が山の形をしていれば，その頂上のところで S が最大になるのですが，その点では傾きがゼロになっています．傾きは，S を x で微分した値で表わされるのでしたから，山の頂上では微分値がゼロになっているはずであり，逆に微分値がゼロになるような点を見つけてやれば，そこで S が最大になるはずです．数学的に書けば，

$$\frac{dS}{dx} = 0 \tag{3.3}$$

になるような x を計算すれば，その点で S が最大になろうというものです．

もしかすると，$S=f(x)$の曲線は図3.2のような単純な山の形をしておらず，図3.3のような形をしているかもしれません．一定の長さの柵で囲った面積を最大にする私たちの問題の場合でも，もし，黄金比の長方形のとき面積が最大になるのであれば，山が2つできるはずです．黄金比は52ページの脚注に書いたように，$1:1.618$ですが，実際問題としては，$x:y$が$1:1.618$のときと，$x:y$が$1.618:1$のときとは縦と横とが入れ代わっただけで同じ形で同じ面積の長方形であるからです．

山が2つもある図3.3のような場合には，傾きがゼロ，つまり，微分値がゼロであるような点が3個所もあります．しかも，そのうちの2つは，たしかにSが最大になる点ですが，他の1点は逆にSが小さくなる点です．こうなると，話がだいぶ紛糾してきました．けれども実は，心配無用なのです．このような場合には，傾きがゼロになる点を見つけるための方程式 式(3.3)をxについて解けば，ちゃんと3つのxが求められるし，あとでお話しするように，その点が山の頂上なのか，谷底なのかを判定することも容易にできるか

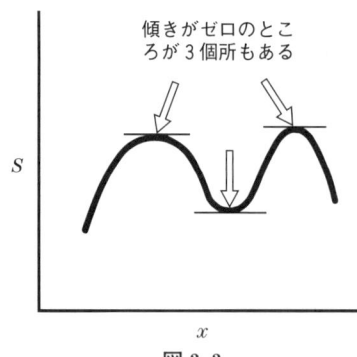

図 3.3

3. 極大と極小を求めて

らです．

ここで，用語の解説を2つ3つ……．図3.4を見てください．$f(x)$の曲線が描いてあります．実生活に現れる現象をグラフに描いたとき，これほど活発にのたうつことはまずありませんが，説明のために，連続はしているけれどぐにゃぐにゃの曲線を描きました．

図の中で，A点やC点のような山の頂上を**極大**といい，これに対して，B点やD点のような谷底を**極小**といいます．ですから，D点がA点より高いように，極小の方が極大よりも大きいことも珍しくありません．極大と極小をひっくるめて**極値**と呼ぶこともあります．

いっぽう，対象とする範囲の中で，$f(x)$の値がとにかくいちばん大きくなる点を**最大**といい，いちばん小さくなる点を**最小**といいます．図のB点は極小であると同時に最小であり，E点は極大でも極小でもないけれど最大です．

なお，対象とする範囲は，ふつうは問題の性質上自然に決まっていて，たとえば，私たちの柵の問題では，xはマイナスになること

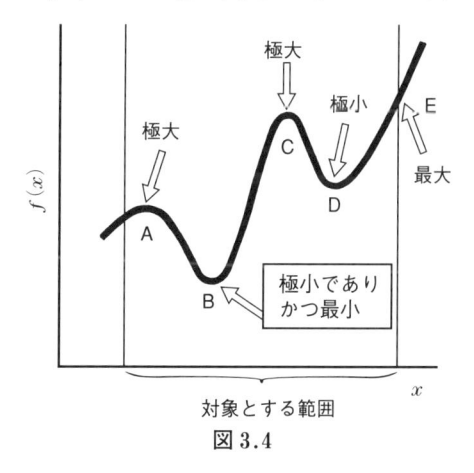

図3.4

はありえませんし，また，50 m 以上にもなりませんから，x の対象範囲は，

  0～50 m

ということになります．抽象的な問題では，x の対象範囲がマイナス無限大からプラス無限大まで，いいかえれば，すべての範囲が対象であることも少なくありません．

長方形の面積は

 物語を，牧歌的な，しかし，生活のかかった切実な問題に戻しましょう．縦 x m，横 y m の長方形 S を，

$$2x + 2y = 100 \text{ m} \tag{3.1}$$

の拘束の下に，最大にする問題でした．そのためには，

$$S = xy \tag{3.2}$$

で与えられる S を，x で微分し，

$$\frac{dS}{dx} = 0 \tag{3.3}$$

とおいて，式(3.3)が成立するような x を求めれば，その点で S がもっとも大きくなるはずだ，というところまで物語が進行していたのでした．引き続き"はずだ"を実証してみようと思います．

 まず，式(3.1)をとりあえず，

$$2x + 2y = 2L \tag{3.4}$$

すなわち，

  $x + y = L$

と書き直しておきます．もちろん，式(3.1)のままでもさしつかえ

3. 極大と極小を求めて

ないのですが，100という算用数字を使っておくと，運算の途中で現れる他の算用数字とごっちゃになって，与えられた柵の長さであるという性格が隠れてしまうので，他の算用数字と識別しやすいようにLという記号に置き換えたまでの話です．運算のあとでLが50 mであったことを思い出そうというこんたんです．

式(3.4)からyを求めると，

$$y = L - x \tag{3.5}$$

となりますから，これを式(3.2)に代入すると，

$$S = x(L - x) \tag{3.6}$$

となって，Sをxだけの関数として表わすことに成功しました．

つぎがいよいよこの物語の勝負どころです．式(3.6)のSをxで微分しなければなりません．ここで，微分のしかたを思い出しておきましょう．微分とは，傾きを求めることです．傾きを求めるには，つぎのようにします．図3.5はあるxの点で$f(x)$の傾きを求めよ

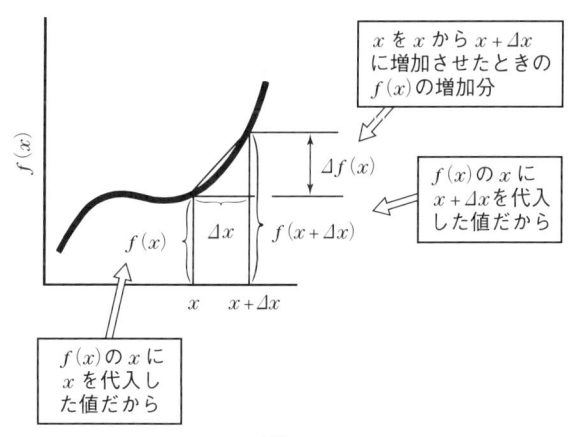

図 3.5

うとしています．傾きは，つまり微分値は Δx をどんどんゼロに近づけたときの，

$$\frac{\Delta f(x)}{\Delta x}$$

の極限として求められるのですから，

$$\frac{d}{dx}f(x) = \lim_{\Delta x \to 0} \frac{\Delta f(x)}{\Delta x}$$

です．この式で $\Delta f(x)$ というのは，x を，x から $x + \Delta x$ に増加させたときの $f(x)$ の増加分ですから，

$$f(x + \Delta x) - f(x)$$

であるはずです．したがって，$f(x)$ を x で微分した値は，

$$\frac{d}{dx}f(x) = \lim_{\Delta x \to 0} \frac{f(x + \Delta x) - f(x)}{\Delta x} \tag{3.7}$$

で計算できることになります．

私たちの例題では，面積を表わす記号として S を使っていますが，S は x の関数ですから，それを明瞭にするために $S(x)$ と書けば，理くつはまったく同様で，$S(x)$ の微分値は

$$\frac{d}{dx}S(x) = \lim_{\Delta x \to 0} \frac{S(x + \Delta x) - S(x)}{\Delta x} \tag{3.8}$$

を計算すれば求まります．

$$S(x) = x(L - x) = Lx - x^2$$

ですから，x が $x + \Delta x$ になったときの S は，この式の x のかわりに $x + \Delta x$ を代入すればよく，

$$S(x + \Delta x) = L(x + \Delta x) - (x + \Delta x)^2$$

です．したがって，S の微分は，

3. 極大と極小を求めて

$$\frac{d}{dx}S(x) = \lim_{\Delta x \to 0} \frac{\{L(x+\Delta x)-(x+\Delta x)^2\}-\{Lx-x^2\}}{\Delta x}$$

$$= \lim_{\Delta x \to 0} \frac{\cancel{Lx}+L\cdot\Delta x-\cancel{x^2}-2x\cdot\Delta x-\Delta x^2-\cancel{Lx}+\cancel{x^2}}{\Delta x}$$

$$= \lim_{\Delta x \to 0}(L-2x-\Delta x) \qquad (3.9)$$

となります.この式の意味は,Δx をゼロに近づけた極限では( )の中がどの値に落ち着くか,ということですが,Δx をゼロに近づけても,第1項の L と第2項の $-2x$ は Δx には関係がないので,そのまま健在であり,第3項の Δx は極限ではゼロになるので,

$$\lim_{\Delta x \to 0}(L-2x-\Delta x) = L-2x$$

です.したがって,式(3.8)は,

$$\frac{d}{dx}S(x) = L-2x \qquad (3.10)$$

となりました.

謎解きまで,あと一歩です.x の関数である面積 $S(x)$ が,x のある値で極大となるならば,その点では $S(x)$ の傾きが,つまり微分値がゼロになるはずでした.いいかえれば,

$$\frac{dS}{dx} = L-2x = 0 \qquad (3.11)$$

になるような x を見つければ,x がその値のとき S は極大になっているはずです.式(3.11)が成立するような x はすぐ見つかります.

$$x = \frac{L}{2}$$

です.x がこの値のとき S は極大であり,そのときの S は,式(3.6)から,

$$S = x(L-x) = \frac{L}{2}\left(L - \frac{L}{2}\right) = \frac{L^2}{4} \tag{3.12}$$

の大きさになっているはずです。L は 50 m であったことを思い出せば,

$x = 25$ m

で面積がもっとも大きくなり,そのときの面積 S は,

$$S = \frac{50^2}{4} = 625 \text{ m}^2$$

であるというのが,生活がかかった私たちの答です.

x が 25 m ならば柵の全長の条件から y も 25 m です.すなわち,長方形の周囲の長さを一定とすれば,正方形になったとき面積が最大になるのであり,神秘的な黄金比は,この際関係がないことがわかりました.

箱 の 体 積 は

もう1つ,似たようなクイズを解いてみましょう.板で図3.6のような箱を作ろうと思います.ふたは不要ですが,底はもちろん必要です.そもそも,ふたも底もなければそれは筒であって,箱ではありません.底の形は正方形です.板の面積を一定にしたとき,底の辺の長さ x と,箱の高さ h との比をいくらに選んだら,箱の容積が最大になるでしょうか.こんどは,前の節のような冗長な説明はやめて,すいすいと運算します.作戦は前の節と同じです.

箱の表面積は,横の板が4枚と,底が1枚あるので,

$$S = 4xh + x^2 \tag{3.13}$$

3. 極大と極小を求めて

板の厚さは無視する

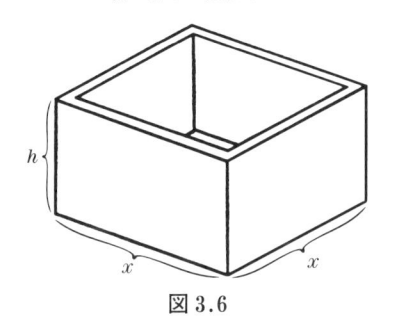

図 3.6

です．そして体積は，(縦)×(横)×(高さ)ですから，

$$V = x^2 h \tag{3.14}$$

で表わされます．この両式を使って，V を x だけ (h だけでもよい) の関数として表わし，V を x で微分して，それがゼロになるような x を求めれば，そこで V は極大になることでしょう．

まず，式(3.13)を変形して，

$$h = \frac{S - x^2}{4x} \tag{3.15}$$

とし，これを式(3.14)に代入すると，

$$V = x^2 \frac{S - x^2}{4x}$$

$$= \frac{S}{4} x - \frac{1}{4} x^3 \tag{3.16}$$

となって，V を x だけの関数で表わすことができました．ここで，V を x で微分します．

$$\frac{d}{dx} V(x) = \lim_{\varDelta x \to 0} \frac{V(x + \varDelta x) - V(x)}{\varDelta x}$$

$$= \lim_{\Delta x \to 0} \frac{\left\{\frac{S}{4}(x+\Delta x) - \frac{1}{4}(x+\Delta x)^3\right\} - \left\{\frac{S}{4}x - \frac{1}{4}x^3\right\}}{\Delta x}$$

$$= \lim_{\Delta x \to 0}\left\{\frac{S}{4} - \frac{3}{4}x^2 - \frac{3}{4}x \cdot \Delta x - \frac{1}{4}\Delta x^2\right\} \tag{3.17}$$

この式で $\Delta x \to 0$ の極限をとれば，{ }の中の第1項と第2項だけが生き残り，第3項と第4項は消えてしまいますから

$$\frac{dV}{dx} = \frac{S}{4} - \frac{3}{4}x^2 \tag{3.18}$$

となります．この式は，$V(x)$ の傾きを表わしているので，この式をゼロとおいて x を求めれば，その x のときに $V(x)$ が極大になるはずでした．やってみます．

$$\frac{S}{4} - \frac{3}{4}x^2 = 0$$

したがって，

$$x = \pm\sqrt{\frac{S}{3}}$$

となります．x は箱の底の寸法ですから，それがマイナスになることはありえません．そこでプラスのほうだけを採用して，

$$x = \sqrt{\frac{S}{3}} \tag{3.19}$$

のとき，箱の体積 V が極大になると判定します．

x が求まれば，答えを式(3.15)に代入して h が計算できます．

$$h = \frac{S - x^2}{4x}$$

$$= \frac{S - \dfrac{S}{3}}{4\sqrt{\dfrac{S}{3}}} = \frac{\dfrac{2}{3}S}{4\sqrt{\dfrac{S}{3}}} \quad \left(\text{つぎに,分子分母に}\sqrt{\dfrac{S}{3}}\text{をかける.}\right)$$

$$= \frac{\sqrt{\dfrac{S}{3}} \cdot \dfrac{2}{3}S}{4 \cdot \dfrac{S}{3}} = \frac{\sqrt{\dfrac{S}{3}}}{2} \tag{3.20}$$

この結果を,式(3.19)と比較してみてください. h は x のちょうど半分になっていることがわかります. すなわち,箱を作る板の面積が一定なら,

$$x : h = 2 : 1$$

にしたとき,箱の容積が最も大きくなるという結論に到達できました.

山と谷とを見分ける

箱の表面積が一定ならば,高さ h が底の長さ x の半分になったとき容積が最大になる,というのが前の節の結論なのですが,ほんとうをいうと,前の節の運算だけで,この結論を主張するのは正しくありません. 早とちりの危険性があるのです. なぜかというと,こういうことです.

前の節の思考過程を反省してみると,つぎのようでありました. 箱の体積 V を,底の長さ x だけの関数で表わし,それを x で微分して,

$$\frac{dV}{dx} = 0$$

とおいて，この方程式が成立するxを見つければ，そこで，$V(x)$の曲線の傾きがゼロになっているから，それは山の頂上を意味し，$V(x)$がもっとも大きくなっているはずだ，というのが頭に描いたシナリオでした．

ところが，このシナリオは，だいたいはこれで正しいのですが，一箇所だけ半分しか正しくないところがあります．「傾きがゼロになっているから，それは山の頂上を意味し」というところです．山の頂上では確かに傾きがゼロになるのですが，傾きがゼロになるのは山の頂上ばかりとはかぎりません．谷底でも同じようにゼロになります．"逆，必ずしも真ならず"，というところでしょうか．したがって，傾きがゼロだからといって，そこが山の頂上であるという保証はないのです．それなら，傾きがゼロであることがわかったとして，そこが頂上なのか，谷底なのかを判定するにはどうしたらよいでしょうか．

図3.7を見ながら考えていきましょう．左側の図は山の頂上での物語です．私たちが微分や積分について話をするときには，いつでも，$f(x)$の曲線はなめらかに変化しているものと考えます．つまり，山の頂上は，槍ヶ岳の頂のように，三角形にそそり立っているのではなく，だんご山のように優美な丸みをもっています．ですから，頂上付近に限定してみれば，頂上に近づくにつれて傾きが減少し，頂上付近では傾きがゼロになり，頂上を過ぎるとこんどはマイナスの傾きになるはずです．ということは，傾きの曲線が，頂上付近でプラスからマイナスに移行することを意味します．

さて，こんどは傾きの曲線に注目してください．この曲線は頂上付近では確実に右下がりの曲線です．そうでなければ，頂上より手

3. 極大と極小を求めて

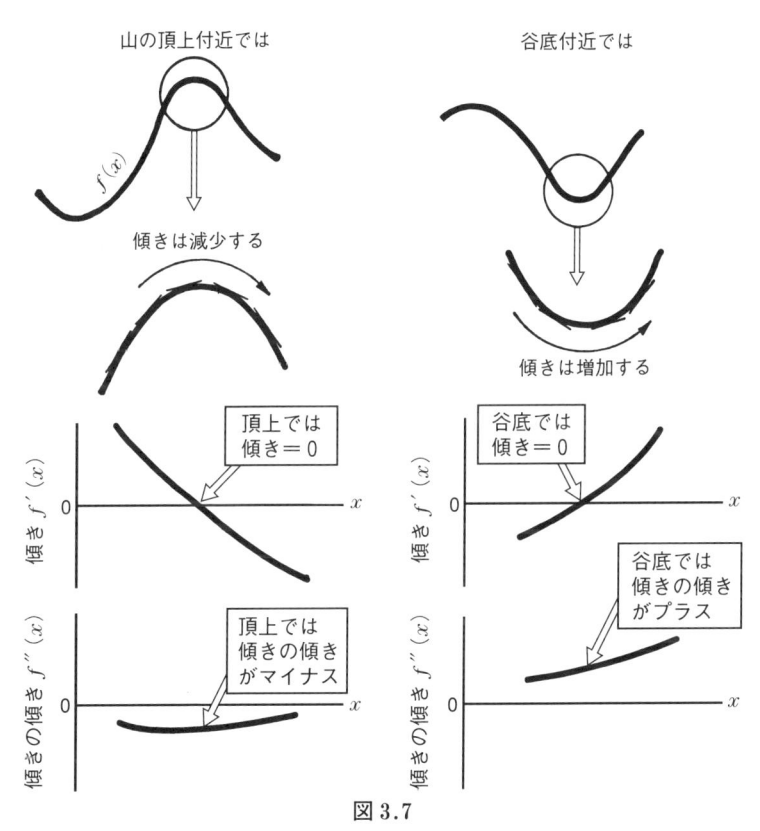

図 3.7

前ではプラスでありながら頂上ではゼロになり，頂上を過ぎるとマイナスになることができないからです．したがって，傾きの曲線の傾き，つまり，傾きの変化率は頂上付近ではマイナスの値になっているはずです．逆にいえば，傾きがゼロであり，さらに，傾きの変化率がマイナスであれば，そこは山の頂上であることを意味します．

$f(x)$ の傾きは $\dfrac{d}{dx}f(x)=f'(x)$

その変化率は $\dfrac{d}{dx}f'(x)=f''(x)$

ですから，x のある値，たとえば x_1 で，

$$\left.\begin{array}{l} f'(x_1)=0 \\ f''(x_1)<0 \\ \text{であるならば} \\ f(x)\text{は極大} \end{array}\right\} \quad (3.21)$$

であることになります．

図3.7の右半分は，谷底における物語です．山頂の場合と対比しながら物語を読んでみてください．谷底の手前では傾きはマイナスなのにだんだんと傾きが増加し，谷底では傾きがゼロになり，谷底を通りすぎると傾きがプラスになるのですから，傾きは増加の一途をたどります．したがって，傾きの傾き，つまり，傾きの変化率はプラスであるはずです．ですから，x のある値，たとえば，x_2 で，

$$\left.\begin{array}{l} f'(x_2)=0 \\ f''(x_2)>0 \\ \text{であるならば} \\ f(x)\text{は極小} \end{array}\right\} \quad (3.22)$$

であることが判明します．

前の節の問題を思い出してみましょう．箱の表面積 S を一定にして考えると，体積 V は，箱の寸法 x だけの関数として，

$$V=\dfrac{S}{4}x-\dfrac{1}{4}x^3$$

の式で表わされました．そして，V を x で微分すると，

$$\frac{dV}{dx} = \frac{S}{4} - \frac{3}{4}x^2 \tag{3.23}$$

となったので,

$$\frac{S}{4} - \frac{3}{4}x^2 = 0$$

から,

$$x = \sqrt{\frac{S}{3}}$$

を求めて, x がこの値であるとき V は極大になると推論したのでした. ところが, ここで"待った"がかかり, これだけでは V は極大であるという保証はないぞ, 極小かもしれないではないか, と横槍がはいったのでした.

私たちは, すでに極大と極小とを区別する方法を手に入れましたから, さっそく応用してみます. $V(x)$ を2回微分して, それが $x = \sqrt{S/3}$ のところでプラスなら極小, マイナスなら極大と判定すればよいのですから簡単です. $V(x)$ を2回微分するには, すでに式(3.23)で1回の微分がおわっていますから, これをもう一度微分すればよいはずです. 微分のやり方は, 式(3.7)を思い出してください.

$$\begin{aligned}
\frac{d^2V}{dx^2} &= \frac{d}{dx}\left(\frac{dV}{dx}\right) = \frac{d}{dx}\left\{\frac{S}{4} - \frac{3}{4}x^2\right\} \\
&= \lim_{\Delta x \to 0} \frac{\left\{\frac{S}{4} - \frac{3}{4}(x+\Delta x)^2\right\} - \left\{\frac{S}{4} - \frac{3}{4}x^2\right\}}{\Delta x} \\
&= \lim_{\Delta x \to 0} \left\{-\frac{3}{2}x - \frac{3}{4}\Delta x\right\}
\end{aligned}$$

$$= -\frac{3}{2}x \qquad (3.24)$$

この値は，x が $\sqrt{S/3}$ のところでは，まちがいなくマイナスになります．ですから，x が $\sqrt{S/3}$ のところで，V は極小ではなく極大であることが明瞭になりました．

メラオ君の場合は

　私たちの人生における努力の大部分は，何かを最大あるいは最小にすることを目的にしています．企業レベルの努力は，一定の経費を費やすなら最大の利益を上げることに，利益を一定にして考えれば，経費を最小にすることに払われているし，個人レベルでは，目的地へ行くための所要時間を最小にするコースを選んだり，一定の金額で最大の品質の商品を買う努力をしたり，というささやかな努力を含めて，収入，労働，充実感などの組合せは複雑ですが，要は，人生の幸福を最大にするよう，絶え間ない努力が積み重ねられているということができるでしょう．そこで，しつこいようですがもう1つだけ，極値を求める問題を考えてみることにします．

　図 3.8 を見てください．常夏の国メラネシアのある島に，若くてハンサムで強健なメラオ君が住んでいます．メラオ君には，美人の恋人がいるのですが，あいにくなことに，2 人の住家の間には，幅 100 m の細長い水路が 2 人の恋路のじゃまをしています．そして，2 人の住家は水路の縁に沿って 150 m だけ離れています．けれども若くて強健なメラオ君にとって，100 m 幅の水路など，まったく問題になりません．抜手をきって一気に泳ぎわたるまでのことです．

3. 極大と極小を求めて　　　69

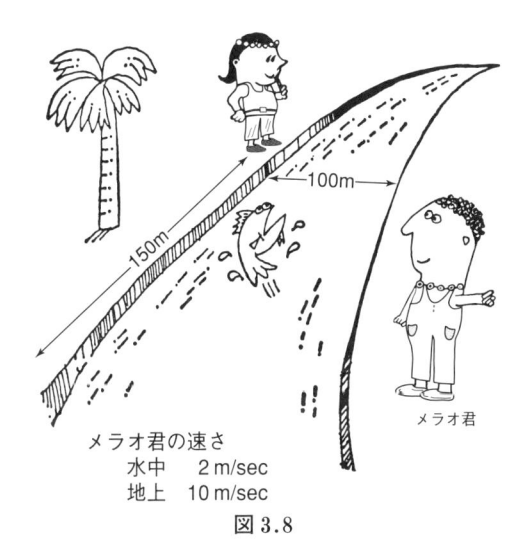

メラオ君の速さ
水中　　2 m/sec
地上　　10 m/sec

図 3.8

メラオ君のスピードは，

　　水中は　2 m/sec

　　地上は　10 m/sec

とオリンピック選手並なので，恋人の住居に到着するのに数分とはかからないのですが，それでも，1秒でも早く到着して恋人を胸に抱きたいのは，どこの国の若者でも同じこと……．メラオ君は，どのような方向に泳ぎ出したらよいでしょうか．

　このような問題を解く方程式をたてるとき 100, 150, 2, 10 という値を算用数字で書き込むことは，一般的にあまり得策ではありません．前にも書きましたが，運算の途中で現れる算用数字と混り合って式の意味がわかりにくくなるし，通分や約分のときの計算ミスも起こりやすいからです．具体的な数値を使わず，やたらと記号を使うのも，数学が嫌われる原因の1つらしいので，そういう感情に

は逆行するようですが、なれてしまえば、記号のほうが使いやすいことは事実です。

そこで、メラオ君の問題を、図3.9のように書き直してみましょう。そして、運算が終わったあとで、

$L = 150$ m, $\quad l = 100$ m

$v = 2$ m/sec, $\quad V = 10$ m/sec

を代入してやることにします。さて、メラオ君が図のように水路のヘリに直角な方向からθだけ傾いた方向に泳ぎ出したとします。泳がなければならない距離は、

$$\frac{l}{\cos\theta}$$

です*。この距離をvの速さで前進するのですから、対岸に泳ぎつくのに必要な時間は、

$$\frac{l}{v \cdot \cos\theta}$$

となります。対岸に泳ぎついたあと、さらに、

$L - l\tan\theta$

だけ地上を走らなければなりません。その距離をVの速さで突進するのですから、必要な時間は、

$$\frac{L - l\tan\theta}{V}$$

です。したがって、水中と地上を合計して、

---

* $\cos\theta$のような関数は三角関数と呼ばれます。83ページをごらんください。

3. 極大と極小を求めて

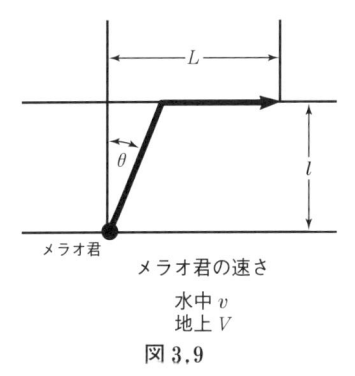

図 3.9

メラオ君の速さ
水中 v
地上 V

$$T=\frac{l}{v\cdot\cos\theta}+\frac{L-l\tan\theta}{V} \tag{3.25}$$

がメラオ君が水に飛び込んでからぬれた体のままで恋人を抱きしめるまでに要する時間です．そして，l も L も v も V も一定ですから，この時間 T は θ だけの関数です．

T が θ だけの関数で表わされれば，T を極小（極大かもしれない）にするような θ を計算するのは簡単です．T を θ で微分し，

$$\frac{dT}{d\theta}=0$$

とおいて θ を求めればよいのでした．さっそく，やってみましょう．微分するには，式(3.7)(58 ページ)の考え方を拝借すればよいはずです．

$$\frac{dT}{d\theta}=\lim_{\Delta\theta\to 0}\frac{T(\theta+\Delta\theta)-T(\theta)}{\Delta\theta}$$

$$=\lim_{\Delta\theta\to 0}\frac{\left\{\dfrac{l}{v\cdot\cos(\theta+\Delta\theta)}+\dfrac{L-l\tan(\theta+\Delta\theta)}{V}\right\}-\left\{\dfrac{l}{v\cdot\cos\theta}+\dfrac{L-l\tan\theta}{V}\right\}}{\Delta\theta}$$

$$=\lim_{\varDelta\theta\to 0}\frac{\dfrac{l}{v}\left\{\dfrac{1}{\cos(\theta+\varDelta\theta)}-\dfrac{1}{\cos\theta}\right\}-\dfrac{l}{V}\{\tan(\theta+\varDelta\theta)-\tan\theta\}}{\varDelta\theta} \quad (3.26)$$

となりました．ここまでは，だれでもできますが，問題はこのあとです．この式から $\varDelta\theta\to 0$ の極限を読みとることは至難の業です．この式のままで $\varDelta\theta\to 0$ のゆくすえをにらんでいるのでは，分子も分母もゼロに近づいていくことしかわからないし，この式をこれ以上変形することも容易ではないからです．

　メラオ君の胸に一刻も早く恋人を飛び込ませてやりたいのですが，微分するテクニックのところで思わぬ障壁に遭遇してしまいました．ここで，いくら悩んでも，あせってもどうしようもありません．急がばまわれ，です．微分のテクニックを勉強して，この微分ができるようになるまで，メラオ君には辛いでしょうが待ってもらうことにしましょう．いずれ，非常におもしろい答が出て，メラオ君にも喜んでもらえると思いますので……．

4. 微分の定石（その1）

定石への誘い

私たちは，すでに何種類かの関数を微分してきました．ある物体の位置 x が時間 t の関数であり，

$$x = t^2 + t$$

で表わされるとき，$x(t)$ を t で微分すると，

$$\frac{dx}{dt} = 2t + 1$$

となり，これが時間とともに変化する速度を表わしていることも知りました．全周の長さ $2L$ が一定である長方形の面積 S は，一辺の長さ x の関数であり，

$$S = x(L - x)$$

で表わされるので，この極大値を求めるために，x で微分し，

$$\frac{dS}{dx} = L - 2x$$

という計算もしました．さらに，箱の体積を最大にする問題では，

$$V(x) = \frac{S}{4}x - \frac{1}{4}x^3$$

を微分して，

$$\frac{dV}{dx} = \frac{S}{4} - \frac{3}{4}x^2$$

を求めました．

これらの微分は，すべて微分の物理的な意味合いを表現した，

$$\frac{d}{dx}f(t) = \lim_{\Delta x \to 0}\frac{f(x+\Delta x)-f(x)}{\Delta x} \qquad \begin{matrix}(4.1)\\(3.7)と同じ\end{matrix}$$

の式を応用して，計算したのでした．微分をちゃんと理解するためには，この式の意味合いを繰り返して理解していただきたいし，ご面倒でも 57 ページの図 3.5 をもう一度見直してくださるよう，おすすめします．けれどもこれから先，微分が必要になるたびに，この式を応用して，えっちらおっちらと計算するのでは，たまったものではありません．頭が痛くなって，投げ出すのも時間の問題と思われます．そのうえ，式(4.1)の応用だけでは，微分ができないことも少なくありません．現に，前の章の式(3.26)がどうにも計算できなくて，メラオ君の恋を成就させてやることができず，せつない思いをさせてしまったではありませんか．

　碁でも将棋でも，そのほかのゲームでも，それが知的であればあるほど，たくさんの定石が発達しています．定石をいい表わす格言さえたくさんあるくらいです．「のぞきにつがぬバカはなし」(碁)，

4. 微分の定石(その1)

知的なゲームに定石はつきもの

「王の早逃げ八手の得」(将棋),「そっと見送れ下りポン」(麻雀),「9枚カードは頭から」(ブリッジ)など,みなそうです.きっと,知的レベルの高いところで競争が行なわれているので,いちいち基礎的なレベルのところにまで立ち戻って思考していたのでは,くたびれてしまい,戦果があがらないからでしょう.知的レベルの高いところに神経を集中し,効果的な頭脳労働をするためには,知的レベルの低い範囲は,とくに考えなくとも自動的に最適の解を見いだしうるよう,戦術のパターンを定めたものが定石です.微分の場合にも同じこと…….ちょっとやっかいな関数を微分するときに,いちいち式(4.1)まで立ち戻っているようでは,効果的な頭脳労働ができません.

そこで,この章では,微分の定石を覚えることに専念しようと思います.

微分をすると肩の荷が減る

私たちは、すでに、微分の意味を説明した式(4.1)を使って、3つの関数の微分を計算しています。もう一度書き並べてみると、

$$\left. \begin{array}{l} x(t)=t^2+t \longrightarrow \dfrac{dx}{dt}=2t+1 \\[6pt] S(x)=Lx-x^2 \longrightarrow \dfrac{dS}{dx}=L-2x \\[6pt] V(x)=\dfrac{S}{4}x-\dfrac{1}{4}x^3 \longrightarrow \dfrac{dV}{dx}=\dfrac{S}{4}-\dfrac{3}{4}x^2 \end{array} \right\} \quad (4.2)$$

となります。この3つの関数は、x が t の関数であったり、S が x の関数であったりして紛らわしいので、変数をすべて x に統一してしまいましょう。そうすると、

$$\left. \begin{array}{ll} x+x^2 & \text{を } x \text{ で微分すると} \quad 1+2x \\[4pt] Lx-x^2 & \text{を } x \text{ で微分すると} \quad L-2x \\[4pt] \dfrac{S}{4}x-\dfrac{1}{4}x^3 & \text{を } x \text{ で微分すると} \quad \dfrac{S}{4}-\dfrac{3}{4}x^2 \end{array} \right\} \quad (4.3)$$

となります。いま、かりに、

$$A+B$$

を x で微分するには、A を微分したものと、B を微分したものを、加え合わせればよい、すなわち、

$$\frac{d}{dx}(A+B)=\frac{dA}{dx}+\frac{dB}{dx}$$

であるとしてみます。この仮定は、実は正しく、後ほどあたらめてお話しするつもりなのですが、とりあえずは、仮定だとしておきましょう。そうすると、式(4.3)の3つの式から、

4. 微分の定石(その1)

x 君を微分すると肩の荷が1だけ減る．そのかわり，前に荷物が追加される

x を x で微分すると 1

x^2 を x で微分すると $2x$

Lx を x で微分すると L

$-x^2$ を x で微分すると $-2x$

$\dfrac{S}{4}x$ を x で微分すると $\dfrac{S}{4}$

$-\dfrac{1}{4}x^3$ を x で微分すると $-\dfrac{3}{4}x^2$

という関係があることになります．この6つの関係を注意深く眺めてみると，すぐに，

　ax^n を x で微分すると anx^{n-1} （n は 1, 2, 3）

が読みとれます．ここで，a は任意の定数です．

私たちが，前の章までの謎解きで，式(4.1)の根本原理によって微分を実証したのは，x^n の n が 1 と 2 と 3 だけでした．けれども，

$$\boxed{\dfrac{d}{dx}(ax^n) = anx^{n-1}}\quad\text{覚えておこう} \tag{4.4}$$

の関係は，n が 1，2，3 だけでなく，どのような値の場合にでも成立します．それを，証明してみましょう．

$$\frac{d}{dx}(ax^n)=\lim_{\Delta x\to 0}\frac{a(x+\Delta x)^n-ax^n}{\Delta x}$$

$$=\lim_{\Delta x\to 0}\frac{a\{x^n+{}_nC_1 x^{n-1}\cdot\Delta x+{}_nC_2 x^{n-2}\cdot\Delta x^2+\cdots+\Delta x^n\}-ax^n}{\Delta x}$$

$$=\lim_{\Delta x\to 0}\frac{a\{{}_nC_1 x^{n-1}\cdot\Delta x+{}_nC_2 x^{n-2}\cdot\Delta x^2+\cdots+\Delta x^n\}}{\Delta x}$$

$$=\lim_{\Delta x\to 0}a\{{}_nC_1 x^{n-1}+\underbrace{{}_nC_2 x^{n-2}\cdot\Delta x+\cdots+\Delta x^{n-1}}_{\Delta x\to 0 \text{ の極限ではゼロになる}}\}^* \qquad (4.5)$$

この式の右辺で，$+\cdots\cdots+$ と書かれたところには，

$${}_nC_3 x^{n-3}\cdot\Delta x^2+{}_nC_4 x^{n-4}\cdot\Delta x^3+{}_nC_5 x^{n-5}\cdot\Delta x^4+\cdots\cdots$$

というように，Δx の2乗から $(n-2)$ 乗までの項がずらりと並んでいます．けれども，$\Delta x\to 0$ の極限では，Δx の何乗かの項はぜんぶゼロになってしまいます．$\Delta x\to 0$ の極限でも影響を受けず，最後

---

* たとえば，A，B，C，D の 4 名から 2 名を選ぶ組合せの数は
    AB，AC，AD，BC，BD，CD
の 6 通りあります．n 個から r 個を選ぶ組合せの数は，

$${}_nC_r \quad \text{または} \quad \binom{n}{r}$$

と書く約束になっており，その値は，

$${}_nC_r=\frac{n!}{r!(n-r)!}$$

で計算できます．！はファクトーリアル（階乗）と読み，1 からその数までの整数をぜんぶ掛け合せることを意味します．たとえば，

$$5!=5\times 4\times 3\times 2\times 1$$

です．

まで生き残るのは{ }の中の第1項だけです．したがって，式(4.5)は，

$$\frac{d}{dx}(ax^n) = a \cdot {}_nC_1 \cdot x^{n-1} = anx^{n-1}$$

となることがわかります．これで式(4.4)の証明は終わり……．

肩の荷が分数でも負でも同様に

ax^n を x で微分すると anx^{n-1} になるという関係は，x が1，2，3，……というような自然数でなくても，実数（マイナスの値の平方根——虚数——を含まない数）でさえあれば，いつでも成立します．したがって，

$$\frac{d}{dx}(ax^n) = anx^{n-1}$$

の公式は，非常に広範囲な利用価値があります．なにしろ，n が分数の値でも，マイナスの値でもよいのですから……．

手はじめに，n がマイナスの値であるときのことを調べてみましょう．

$$\frac{1}{x} = x^{-1}$$

$$\frac{1}{x^2} = x^{-2}$$

$$\vdots$$

$$\frac{1}{x^r} = x^{-r}$$

ですから，たとえば，

$$\frac{d}{dx}\left(\frac{1}{x}\right)=\frac{d}{dx}(x^{-1})=-1\cdot x^{-2}=-\frac{1}{x^2}$$

$$\frac{d}{dx}\left(\frac{3}{x^2}\right)=\frac{d}{dx}(3x^{-2})=3(-2)x^{-3}=-\frac{6}{x^3}$$

$$\frac{d}{dx}\left(\frac{1}{2x^3}\right)=\frac{d}{dx}\left(\frac{1}{2}x^{-3}\right)=\frac{1}{2}(-3)x^{-4}=-\frac{3}{2}\frac{1}{x^4}$$

などなど，鼻歌まじりで計算ができます．なお，たとえば，

$$\frac{d}{dx}\left(\frac{1}{2x^3}\right)$$

は，（ ）を省略して，

$$\frac{d}{dx}\frac{1}{2x^3}$$

と書くほうがふつうなのですが，微分の記号になれるまでの間は，微分の記号と，微分される関数とが混ざり合ってしまわないよう，念のために微分される関数に（ ）を付けておくことにしました．

つぎは，n が分数の場合です．

$$\sqrt{x}=x^{\frac{1}{2}}$$
$$\sqrt[3]{x}=x^{\frac{1}{3}}$$
$$\sqrt{x^3}=x^{\frac{3}{2}}$$
$$\sqrt[s]{x^r}=x^{\frac{r}{s}}$$

と書けるのは，ご存じのとおりですから，

$$\frac{d}{dx}\left(\sqrt{x}\right)=\frac{d}{dx}\left(x^{\frac{1}{2}}\right)=\frac{1}{2}x^{-\frac{1}{2}}=\frac{1}{2}\frac{1}{\sqrt{x}}$$

$$\frac{d}{dx}\left(\sqrt[3]{x}\right)=\frac{d}{dx}\left(x^{\frac{1}{3}}\right)=\frac{1}{3}x^{-\frac{2}{3}}=\frac{1}{3}\frac{1}{\sqrt[3]{x^2}}$$

$$\frac{d}{dx}\left(5\sqrt{x^3}\right)=\frac{d}{dx}\left(5x^{\frac{3}{2}}\right)=5\cdot\frac{3}{2}x^{\frac{1}{2}}=\frac{15}{2}\sqrt{x}$$

など,自由自在に微分ができることになります.なお,$\sqrt[2]{x}$ のことを,簡単のために単に $\sqrt{x}$ と書くのだということを,思い出しておいてください.

n が分数であり,しかも,マイナスである場合も恐れることはありません.

$$\frac{1}{\sqrt{x}}=x^{-\frac{1}{2}}$$

$$\frac{1}{\sqrt[3]{x^2}}=x^{-\frac{2}{3}}$$

$$\frac{\sqrt{x}}{\sqrt[3]{x^2}}=x^{\frac{1}{2}}\cdot x^{-\frac{2}{3}}=x^{\frac{1}{2}-\frac{2}{3}}=x^{-\frac{1}{6}}$$

などのように,x^n の形にさえ表わしてしまえば,微分の計算は「朝飯前」です.とにかく,n を前に書き,x の肩の n からは,しゃにむに 1 を引きさえすれば,万事 OK なのですから……. たとえば,

$$\frac{d}{dx}\left(5\frac{\sqrt{x}}{\sqrt[3]{x^2}}\right)=\frac{d}{dx}\left(5x^{-\frac{1}{6}}\right)=5\left(-\frac{1}{6}\right)x^{-\frac{7}{6}}$$

というような調子です.ちょっと見には,かなり複雑そうに見える上の場合でも,微分そのものの計算はいたって簡単なものでした.

初心忘るべからず

　ピアノのような楽器は，子供のうちに習わせないと，大人になってからでは，なかなか上達しないといわれます．大人になると指が硬くなって動きにくいのも1つの理由ですが，もう1つの理由は，子供は『ハノンの山登り』というような単調な運指の練習でも，「20回弾け」，と言われれば忠実に20回弾くのに，大人は，1回でも音符どおりに弾けると，その曲は卒業したつもりで先へ進んでしまい，基本的な練習をないがしろにして，やたらと，かっこのよい曲ばかり弾きたがるからだそうです．

　そういえば，碁の先生は，新入りの弟子には，同じような定石ばかりを繰り返し繰り返し碁盤上に並べさせるばかりで，けっして碁の試合をさせないとも聞いています．定石をみっちりと覚えさせることが，たとえ，そのときは退屈であっても，また，遠まわりをするように思えても，結局はすぐれた碁打ちを誕生させる近道だからでしょう．

　微積分の場合も同じことです．x^n を微分すれば nx^{n-1} になるという定石を覚えたのですから，さっそく，応用問題をかっこよく解いてみたいところですが，この章は，微分の定石を覚えることに専念する覚悟だったのですから，実戦はあとまわしにして，ハノンの山登り，といくことにします．

　私たちの身のまわりの現象を数式で表わすとき，非常によく使用される関数の形は

　　x^n の形

　　三角関数

角度や回転に関係があれば必ず三角関数のお世話になる

対数と指数関数

の3種類です．この関数トリオさえ使いこなせれば，身のまわりの現象を説明するのにほとんど困らないぐらいです．第1番めの x^n については，前の項で微分のしかたをマスターしましたから，この項では三角関数の微分を調べてみることにします．

三角関数は，ご存じのとおり，図4.1のような直角三角形で，1つの角 θ と，3つの辺の長さ a, b, c 相互間の関係を表わしています．

$$\left. \begin{array}{l} \sin\theta = \dfrac{b}{a} \\[4pt] \cos\theta = \dfrac{c}{a} \\[4pt] \tan\theta = \dfrac{b}{c} \end{array} \right\} \qquad (4.6)$$

であることは，いうまでもありませんが，

こう覚えておく

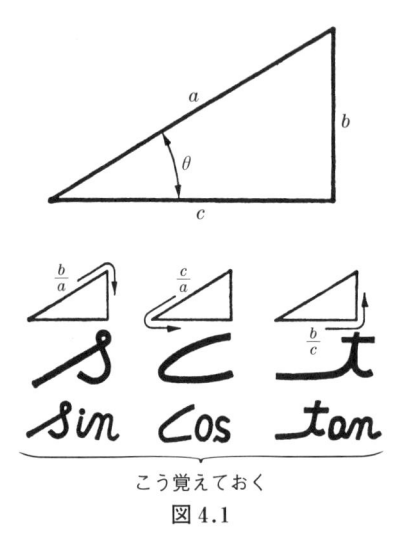

図 4.1

$$\left.\begin{array}{l} \dfrac{1}{\sin\theta}=\operatorname{cosec}\theta=\dfrac{a}{b} \\[6pt] \dfrac{1}{\cos\theta}=\sec\theta=\dfrac{a}{c} \\[6pt] \dfrac{1}{\tan\theta}=\cot\theta=\dfrac{c}{b} \end{array}\right\} \quad (4.7)$$

と書くことも，また，

$$\begin{aligned} \frac{\sin\theta}{\cos\theta} &= \frac{b}{a}\cdot\frac{a}{c} \\ &= \frac{b}{c}=\tan\theta \end{aligned} \quad (4.8)$$

$$\begin{aligned} \sin^2\theta+\cos^2\theta &= \frac{b^2}{a^2}+\frac{c^2}{a^2}=\frac{b^2+c^2}{a^2} \\ &= \frac{a^2}{a^2}=1 \end{aligned} \quad (4.9)$$

$$1+\tan^2\theta = 1+\left(\frac{b}{c}\right)^2 = \frac{c^2+b^2}{c^2}$$
$$= \frac{a^2}{c^2} = \sec^2\theta \tag{4.10}$$

などの関係が成りたつことも思い出しておいてください．

なお，

$\sin\theta$ の 2 乗は　$\sin^2\theta$

θ の 2 乗の $\sin$ は　$\sin\theta^2$

と書いて区別することをお忘れなく……．

三角関数を微分する

それでは，三角関数の代表に $\sin x$ を選んで，微分の計算にとりかかりましょう．三角関数は，$\sin x$ という書き方より $\sin\theta$ のほうが多く用いられますが，この章では，すべて，x の関数で表わし，x で微分をすることに統一しておこうと思います．計算の方針は，相も変わらず式(4.1)(74 ページ)です．

$$\frac{d}{dx}(\sin x) = \lim_{\varDelta x \to 0} \frac{\sin(x+\varDelta x)-\sin x}{\varDelta x} \tag{4.11}$$

ここで，三角関数の差を積に直す公式，

$$\sin A - \sin B = 2\cos\frac{A+B}{2}\sin\frac{A-B}{2} \tag{4.12}$$

を使います．実は，三角関数の微積分には，和や差を積に直したり，2 つの角の和や差の三角関数をそれぞれの角の三角関数で表わしたりすることが，しばしば必要になりますので，巻末の付録にその公式集を付けておきました．

さて，式(4.11)の分子に注目し，

$$\sin(\overbrace{x+\varDelta x}^{A}) - \sin \underset{\downarrow}{\overset{B}{x}}$$

と考えて式(4.12)の公式を適用すると，

$$\sin(x+\varDelta x) - \sin x = 2\cos\frac{2x+\varDelta x}{2}\sin\frac{\varDelta x}{2}$$

となりますから，式(4.11)は，

$$\frac{d}{dx}(\sin x) = \lim_{\varDelta x \to 0} \frac{2\cos\dfrac{2x+\varDelta x}{2}\sin\dfrac{\varDelta x}{2}}{\varDelta x}$$

$$= \lim_{\varDelta x \to 0} \cos\left(x+\frac{\varDelta x}{2}\right)\frac{\sin\dfrac{\varDelta x}{2}}{\dfrac{\varDelta x}{2}} \tag{4.13}$$

というように変形することができます．ここで，$\varDelta x$ をどんどん小さくしていくと，どういうことになるかを，右辺を2つの部分に分けて考えてみます．まず，

$$\cos\left(x+\frac{\varDelta x}{2}\right)$$

はどうでしょうか．$\varDelta x$ がゼロに近づいていくのですから（　）の中は x に近づいていき，極限では x だけが残ります．つまり，

$$\lim_{\varDelta x \to 0} \cos\left(x+\frac{\varDelta x}{2}\right) = \cos x \tag{4.14}$$

です．つぎに，

$$\frac{\sin\dfrac{\varDelta x}{2}}{\dfrac{\varDelta x}{2}}$$

はどうでしょうか．$\varDelta x$ をゼロに近づけると，分母も分子もともにゼロに近づいていき，ついには，

$$\frac{0}{0}$$

になってしまいます．こういう場合が，極限を求める問題としては，いちばん始末が悪いのです．大きいのか小さいのかさっぱりわからないので，数学ではこういう値を取り扱わないことにしているからです．けれども，あとで述べるように，

$$\lim_{\theta\to 0}\frac{\sin\theta}{\theta}=1 \tag{4.15}$$

であることが知られているのは，私たちにとって，このうえない幸せです．すなわち，式(4.13)の右辺の残り半分についてみれば，

$$\lim_{\varDelta x\to 0}\frac{\sin\dfrac{\varDelta x}{2}}{\dfrac{\varDelta x}{2}}=1 \tag{4.16}$$

ということになります．したがって，式(4.13)で $\varDelta x\to 0$ とすると，

　　前の半分　$\longrightarrow$　$\cos x$

　　後の半分　$\longrightarrow$　1

となりますから，式(4.13)は，

$$\lim_{\varDelta x\to 0}\cos\left(x+\frac{\varDelta x}{2}\right)\frac{\sin\dfrac{\varDelta x}{2}}{\dfrac{\varDelta x}{2}}=\cos x \tag{4.17}$$

すなわち,

$$\frac{d}{dx}(\sin x) = \cos x \tag{4.18}$$

ということがわかりました. つまり, $\sin x$ を微分すると $\cos x$ になるということです.

それでは, 逆に $\cos x$ を微分したらどうなるでしょうか. いまと同じやり方で計算をすると, つぎのようになります. 計算をたどるのが面倒なら, $\cos x$ を微分すると $-\sin x$ になるという図 4.2 の結論,

$$\frac{d}{dx}(\cos x) = -\sin x \tag{4.19}$$

だけを覚えていただくことにして, あとはとばしてしまってもさしつかえありませんが, まあ, 付き合っていただきましょうか.

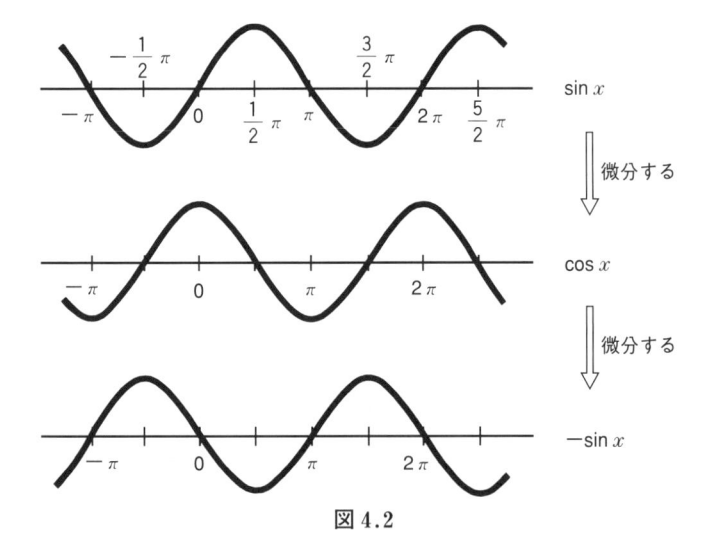

図 4.2

$$\frac{d}{dx}(\cos x) = \lim_{\Delta x \to 0} \frac{\cos(x+\Delta x) - \cos x}{\Delta x}$$

$$= \lim_{\Delta x \to 0} \frac{-2\sin\dfrac{2x+\Delta x}{2}\sin\dfrac{\Delta x}{2}}{\Delta x}$$

$$= \lim_{\Delta x \to 0} \sin\left(x+\frac{\Delta x}{2}\right)\frac{-\sin\dfrac{\Delta x}{2}}{\dfrac{\Delta x}{2}}$$

$$= -\sin x$$

つぎに，$\tan x$ の微分を結論だけ書いておこうと思います．

$$\frac{d}{dx}(\tan x) = \sec^2 x \tag{4.20}$$

この結論が導き出される過程は，いずれ後ほどご説明することになる予定です．

最後に，ここでは微分計算のからくりを省略した $\sec x$ なども含めて，三角関数の微分を書き並べておきます．そろそろ，微分される関数に付けていた（　）も省略しましょう．

覚えて
おこう

$$\boxed{\begin{aligned}
&\frac{d}{dx}\sin x = \cos x \\
&\frac{d}{dx}\cos x = -\sin x \\
&\frac{d}{dx}\tan x = \sec^2 x \\
&\frac{d}{dx}\operatorname{cosec} x = -\operatorname{cosec} x \cdot \cot x
\end{aligned}} \tag{4.21}$$

$$\frac{d}{dx}\sec x = \sec x \cdot \tan x$$

$$\frac{d}{dx}\cot x = -\operatorname{cosec}^2 x$$

ゼロ分のゼロのこと

前の節で,

$$\lim_{\theta \to 0} \frac{\sin \theta}{\theta}$$

というヤッカイ者が現れました. そこでは, 考察を省略したまま, この値が1に落ち着くという結論だけを使ってしまいましたので, いささか内心じくじたるものがあります. だいたい数学の議論は, 一歩一歩なっとくづくで論理的に進めるべきものであり, 当節はやりのフィーリングで結論を先行させてはならないものだからです. その反省の意味もあって, ここでは, この形の極限をなっとくづくで求めてみようと思います.

図4.3を見てください. Oを中心として鋭角θをとり, 半径rで

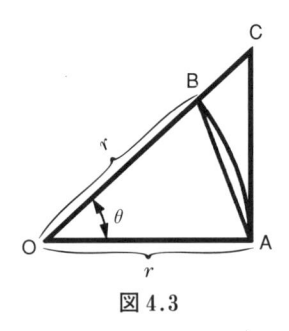

図4.3

円弧 $\overset{\frown}{AB}$ を描きます. したがって,

$$OA = OB = r$$

です. つぎにA点でOAに垂線を立て, OBを延長した直線とC点で交わらせます. そうすると, 誰が見ても, 扇形OABの面積は, 三角形OABより大きく, 三角形OACよりは小さくなります. つまり,

$$\triangle OAB < 扇形 OAB < \triangle OAC \tag{4.22}$$

です. そこで, この3つの図形の面積を計算してみます.

まず, $\triangle OAB$ は, 底辺の長さが r で, 高さが $r\sin\theta$ ですから,

$$\triangle OAB = \frac{1}{2}r^2 \sin\theta \tag{4.23}$$

となります.

つぎは, 扇形の面積なのですが, ここで θ の単位に注意をする必要がありそうです. 角度の単位は小学校以来"度"で表わすことが多く, 私たちの日常感覚では度のほうが親しみやすいのですが, 数学の運算ではふつうはラジアンを使います. ラジアンのほうが数行後にたちまち威力を発揮するように, 数学的な取扱いが便利だからです. ラジアンの定義については, 脚注* を見ておいてください. さて, 扇形の角度が 2π なら, この扇形は完全な円形であり, そのときの面積は πr^2 ですから, 角度が θ の扇形の面積は,

$$扇形 OAB = \pi r^2 \frac{\theta}{2\pi} = \frac{1}{2}r^2 \theta \tag{4.24}$$

で表わされます.

最後に, $\triangle OAC$ の面積は, 底辺が r で高さが $r\tan\theta$ ですから,

$$\triangle \text{OAC} = \frac{1}{2} r^2 \tan \theta \qquad (4.25)$$

となります．したがって，式(4.22)の関係を，式(4.23)，式(4.24)，式(4.25)の値を使って書き表わすと，

$$\frac{1}{2} r^2 \sin \theta < \frac{1}{2} r^2 \theta < \frac{1}{2} r^2 \tan \theta$$

が得られます．ここで，$(1/2)r^2$ は正の値なので各辺をいっせいに $(1/2)r^2$ で割っても不等式の向きは変わりませんから，

$$\sin \theta < \theta < \tan \theta$$

とすることができます．さらに，図4.3では，θ を正の鋭角として取り扱っていますから $\sin \theta$ も正の値です．そうするとこの式の各辺をいっせいに $\sin \theta$ で割っても不等式の向きは変わりませんから，

---

* 半径 r の円があるとします．図のように，円周に沿ってちょうど r の長さの弧を切り取るような角度を **1ラジアン** といいます．この円の全周は $2\pi r$ ですから，全周を切り取る角度，つまり $360°$ は，2π ラジアンに相当することになります．したがって，

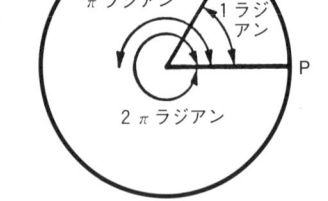

$$1 \text{ラジアン} = \frac{360°}{2\pi}$$
$$= 57 \text{度} 17 \text{分} 45 \text{秒}$$

です．ラジアンによって角を測る方法を，弧度法といい，ふつうは，2π ラジアンを 2π というように略称します．円弧の長さや扇形の面積が姿よく表わせるところがミソです．たとえば，半径が r で角度が θ の扇形の場合，

円弧の長さ $= r\theta$

扇形の面積 $= \frac{1}{2} r^2 \theta$

となり，さわやかな姿です．

$$1<\frac{\theta}{\sin\theta}<\frac{1}{\cos\theta}\qquad\left(\tan\theta=\frac{\sin\theta}{\cos\theta}\text{ だから}\right)$$

が成立します．つぎに，この各辺はぜんぶ正の値ですから，各辺の逆数をとると不等式の向きが反対になり，

$$1>\frac{\sin\theta}{\theta}>\cos\theta \tag{4.26}$$

という形になります．苦心の甲斐あって，$\sin\theta/\theta$ を両面から攻撃する態勢が整いました．

式(4.26)で θ をどんどん小さくしたらどうなるでしょうか．1 は 1 のままで変わりません．$\cos\theta$ はどんどんと限りなく 1 に近づいていきます．そうすると，1 と $\cos\theta$ の間にはさまれた $\sin\theta/\theta$ も 1 に近づいていくよりほかに生きる道はないではありませんか（図 4.4）．こうして，

$$\lim_{\theta\to 0}\frac{\sin\theta}{\theta}=1$$

が証明されました．

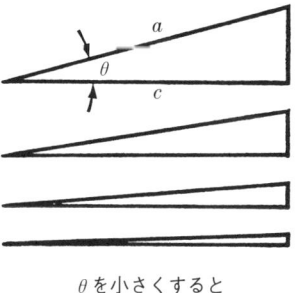

θ を小さくすると
$\cos\theta=\frac{c}{a}$ は
1 に近づいていく
図 4.4

いまの証明では，θ は正であり，正のほうからゼロに近づいていく極限を考えました．θ が負であり，負のほうからゼロに近づいていけば，もしかすると別の結果になるのではないかという慎重論の方は，図4.3を，OAに対称にひっくり返し，OAより下はマイナスの領域と考えて，同様な計算を試みていただきたいと思います．同じ結果に到達してご満足が得られるはずです．

分子も分母もゼロに近づいていき，その極限ではゼロ分のゼロになるような場合の取扱いは，古くからたくさんの数学者を手こずらせたもののようです．ライプニッツ(1646～1716年)は，つぎのような意味の説明をしております．図4.5の直線Aは x 座標を a で，y 座標を b で切っています．いま，直線Aに平行な直線Bを考え，直線Bが x 軸，y 軸を切る点をそれぞれ x，y としましょう．そして，この直線Bを直線Aに平行を保ったまま，座標原点Oに近づけたとしたら，どういうことになるでしょうか．

$$\frac{y}{x} = \frac{b}{a}$$

なのですが，直線Bが0に近づくにつれて x も y もゼロに近づき，直線Bが原点Oを通過する瞬間には，

$$\frac{y}{x} = \frac{0}{0}$$

となります．もしも，ゼロが絶対的な意味をもつ・ある・値であるならば，

$$\frac{0}{0} = 1$$

であり，そうすると，その瞬間には，

4. 微分の定石(その1)

ライプニッツの $\dfrac{0}{0}$ の説明

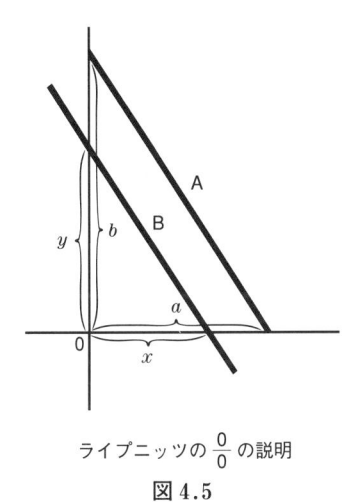

図 4.5

$$\frac{b}{a}=1$$

という摩訶不思議な話になってしまいます．このような不合理は容認することができません．だから，

$$\lim_{x\to 0}\frac{y}{x}$$

は，x と y がゼロになる前からもっていた相互の関連を保ちながらゼロになると考えなければなりません．その相互関連は b/a です．したがって，

$$\lim_{x\to 0}\frac{y}{x}=\frac{b}{a}$$

となります．

このように，分子と分母がともにゼロに近づいていく場合の極限は，ゼロ分のゼロだからといって常に1になったり，大きいのか小

さいのかさっぱりわからない値になるのではなく，ゼロになる前にもっていた分子分母相互間の関連によって極限の値が定まるのだ，というしだいです．

指数と対数と

　私たちの身のまわりの現象を説明する主要な関数のうち，x^n と三角関数について微分の定石を会得してきました．最後に残ったのが指数と対数です．

　指数と対数を思い出すために，つぎのような問題を考えてみます．一定の時間が経つごとに一定の割合で増加したり減少したりする現象は，私たちの身のまわりにいくらでもあるのですが，どうせたとえ話なら，景気のよい話のほうがよさそうですから，あるたくましい実業家が1年ごとに財産を2倍にふやしていくものと思ってみましょう．ガマの油売りの「1枚が2枚，2枚が4枚，4枚が8枚……」という口上と同じ理くつで，1年後には2倍，2年後には4倍，3年後には8倍……とみるみる間に財産がふえていきます．つまり，x 年後の倍数は，

$$y = 2^x \tag{4.27}$$

で表わされます．この関数を，2を底とする**指数関数**と呼びます．

　この表わし方は，x 年後のほうを変化させながら，未知数としての倍数 y を求めることを主眼にしていますが，これに対して，倍数のほうを変化させて，その倍数に到達するまでの年数を求めるほうに焦点を合わせるなら，年数を y，倍数を x と書くのが素直なところなので，

一定の割合でふえたり減ったりすれば
指数と対数のお世話になる

$$x = 2^y$$

という表わし方になります．そして，この関係を，$y = \cdots\cdots$ の形にするには，

$$y = \log_2 x \tag{4.28}$$

と書き直し，これを2を**底**としたxの**対数**と呼ぶ約束になっています．すなわち，指数の式(4.27)と対数の式(4.28)とは表と裏の関係をなしています．

いまの例では，実業家が財産を1年ごとに2倍にする力量の所有者だったので，指数の式でも対数の式でも底が2でしたが，もし，1年ごとに5倍にもするすさまじい力量をもっているなら，底は5になります．また，一昔前の銀行の預金のように，1年に3％ぐらいの利息がつく程度なら，預金は1年ごとに1.03倍になっていくかんじょうですから，底は1.03になります．一般的に底をkと書くと，

指数の式は $y = k^x$ (4.29)

対数の式は $y = \log_k x$ (4.30)

と書き表わされるでしょう.

ここで，対数の計算についての法則を思い出しておきましょう.

$$\left.\begin{aligned}&\log AB = \log A + \log B\\&\log \frac{A}{B} = \log A - \log B\\&\log A^B = B \log A\\&\left(B = -1 \text{ とすると, } \log \frac{1}{A} = -\log A \text{ となる}\right)\\&\log 1 = 0\end{aligned}\right\} \quad (4.31)$$

これらの法則は,

$x = k^y$ を $y = \log_k x$ と書く

という約束から容易に導き出すことができます.

一例として,

$$\log AB = \log A + \log B$$

を導き出してみましょうか. 左辺から右辺を作り出すより，その逆のほうがわかりやすいようです.

$$\log_k A = y_1$$
$$\log_k B = y_2$$

とおくと,

$$A = k^{y_1}$$
$$B = k^{y_2}$$

ですから,

$$AB = k^{y_1} \times k^{y_2} = k^{y_1 + y_2}$$

したがって,
$$\log_k AB = y_1 + y_2$$
つまり,
$$\log_k AB = \log_k A + \log_k B$$
が得られます.

なお,この運算は,底の値が k でなくても,たとえば 2 でも,10 でも同じ結果になります.したがって,式(4.31)では底の値は省略してあります.底はなんでもいいよ,というココロです.もっとも,底は正の値でなければならず,また,1 であってはぐあいが悪いのですが….

対数を微分する

さて,式(4.29)と式(4.30)を x で微分するための定石に移ります.順序が反対になりますが,ちょっとした事情があって,対数の式(4.30)からはじめます.微分の考え方は,毎度おなじみの式(4.1)(74 ページ)です.なにしろ,この式はどんな関数の微分にでも通用する「微分の意味」を表現している式なのですから…….

$$\frac{dy}{dx} = \frac{d}{dx} \log_k x$$
$$= \lim_{\Delta x \to 0} \frac{\log_k (x + \Delta x) - \log_k x}{\Delta x} \quad \text{式(4.31)を使うと}$$
$$= \lim_{\Delta x \to 0} \frac{\log_k \frac{x + \Delta x}{x}}{\Delta x} = \lim_{\Delta x \to 0} \frac{\log_k \left(1 + \frac{\Delta x}{x}\right)}{\Delta x} \quad (4.32)$$

この式のままで $\Delta x \to 0$ とすると,分子も分母もゼロに近づいてい

き，またまた，ゼロ分のゼロが現れてしまいます．分子は $\log_k 1$ に近づいていくし，$\log_k 1$ はゼロだからです．

そこで，少々こったテクニックを使うことにしましょう．

$$\frac{\Delta x}{x} = h \tag{4.33}$$

とおいてみます．そうすると，

$\Delta x = hx$

$\Delta x \to 0$　なら　$h \to 0$

の関係があります．これらの関係を使って式(4.32)を書き直すと，

$$\frac{dy}{dx} = \lim_{h \to 0} \frac{\log_k(1+h)}{hx}$$

$$= \lim_{h \to 0} \left\{ \frac{1}{x} \cdot \frac{1}{h} \log_k(1+h) \right\}$$

$1/x$ は $h \to 0$ の影響は受けませんから，lim 記号の前に書き出し，また，$1/h$ は log 記号の右側へ入れてしまうと，

$$\frac{dy}{dx} = \frac{1}{x} \lim_{h \to 0} \log_k(1+h)^{1/h} \tag{4.34}$$

という形になりました．

さて，ここで $h \to 0$ とするとどういうことになるでしょうか．これを解明するには

$$(1+h)^{1/h}$$

が，$h \to 0$ の結果，どのような値に落ち着くかを調べる必要があります．（　）の中はどんどん1に近づいていき，右肩の $1/h$ はどんどん大きくなっていくので，ほとんど1に近い値を，何百回も何千回も限りなく掛け合わせたらどういう値になるだろうかということ

です．(　)の中の値が1に近づく早さのほうが$1/h$が大きくなる速さより優勢なら，この値は1に落ち着きそうですし，反対に，$1/h$の大きくなり方のほうが優勢なら無限大の値になってしまいそうです．そこで，hの値を小さくしながら実際に計算してみるとつぎのようになります．hは正の値とは限らないので負の場合についても計算してあります．

h	$(1+h)^{1/h}$	h	$(1+h)^{1/h}$
0.1	2.5937	-0.1	2.8680
0.01	2.7048	-0.01	2.7320
0.001	2.7169	-0.001	2.7196
0.0001	2.7181	-0.0001	2.7184
⋮	⋮	⋮	⋮

この表をよく見てください．hをだんだん小さくするにつれて，hが正なら小さめのほうから，hが負なら大きめのほうから，2.718×をめざして近寄ってくるではありませんか．精密な計算結果によると，この値は，

　　　2.718281828459……

となることが知られています．この値を，eと呼びます．つまり，

$$\lim_{h \to 0}(1+h)^{1/h}=e \tag{4.35}$$

です．(　)の中が1に近づく勢いと，$1/h$が大きくなる勢いとが微妙にバランスして，1にもならず，無限大にもならず，eの値に妥協点を見いだしているわけです．

さて，そうすると式(4.34)は，

$$\frac{dy}{dx}=\frac{1}{x}\log_k e$$

( )中が1に近づくのと，( )のべき数が大きくなるのが微妙にバランスして，eに落ち着いている．
たとえば，$(1+0.0001)^{10000}=2.7181$

ということになりました．すなわち，対数の微分は，

$$\frac{d}{dx}\log_k x = \frac{1}{x}\log_k e \qquad (4.36)$$

で表わされることがわかりました．

対数の底のいろいろ

昭和初期の女性たちがスカートを買い求めるときには，きっと，ウエストが何寸で……，という測り方をしたことでしょう．けれども，いまでは，何寸という古式豊かな呼称は残念ながら通用しません．ウエストは何センチメートルと測るのが一般的です．ところが，最近のマイクロミニスカートやショートパンツではウエストではなく，ヒップボーンが基準なのだそうです．マイクロミニやショートパンツは，きっちりとウエストを締めるのではなく，腰骨にひっかけるようにはくからでしょうか．

ことほどさように、ものごとの基準や、その単位のとり方は、必要に応じて融通無げに変化しうる場合が多いのです。対数の場合も同様です。つぎのような問題を考えてみましょう。年利6%の預金は、複利計算をすると何年間で2倍にふえるでしょうか。元金を1とするとx年後の元利合計は、

$$(1.06)^x$$

ですから、

$$2 = (1.06)^x \tag{4.37}$$

となるようなxを求めればよいことになります。このようなとき、私たちは、両辺の対数をとって

$$\log 2 = x \log 1.06 \tag{4.38}$$

とし、乗用対数表や電卓から$\log_{10} 2$と$\log_{10} 1.06$の値を読みとり、

$$x = \frac{\log_{10} 2}{\log_{10} 1.06} = \frac{0.3010}{0.0253} \doteqdot 12 \text{ 年}$$

を計算するのでした。

けれども、考えてみれば、数行前に両辺の対数をとったとき、私たちは底を10に固定したわけではありません。底はなんでもよかったのです。ただ手元に底を10に固定した対数の数表、すなわち、常用対数表しかなかったので、式(4.38)の両辺を、ともに10を底にした対数とみなして計算してしまったという事情でした。つまり、便宜的に10を底にした対数を基準に選んで、両辺を比較してみたまでのことです。

もちろん、必要に応じて、この基準、つまり底の値を別の値にしても一向にさしつかえありません。他の値のほうが取扱いが便利なら、そのほうがよいのです。よく使われる底の値にはつぎの3種類

があります.

　　底を　2　にする　$\log_2 x$
　　底を　10　にする　$\log_{10} x$
　　底を　e　にする　$\log_e x$

そして，この3種の表わし方は

$$\log_e x = 2.30 \log_{10} x$$
$$\log_2 x = 3.32 \log_{10} x$$

の関係で，きちんと連係を保っています．ちょうど，自分のヒップボーンの寸法がわからなくても，健康な若い女性なら，

　　　ウエスト×1.15＝ヒップボーン

ぐらいの換算でヒップボーンの寸法が見当つくのと同じしくみです．腰骨にひっかけてはくマイクロミニの基準にはヒップボーンが，ウエストをきっちりと締めて着用するスカートの基準にはウエストの寸法が適するのですが，私たちの3種類の対数は，それでは，何に適しているのでしょうか．

　まず，$\log_2 x$ はコンピュータ理論や情報理論の世界でよく使われます．ご承知のように，デジタル・コンピュータは，ON と OFF の二者択一ですのですべての理論が成りたっているので，ガマの油売りの「1枚が2枚，2枚が4枚，4枚が8枚……」という口上の理くつで 2^n の形が多用されるからです．ご存知の方も多いと思いますが，情報理論では，x 個の中から1つを選択するために必要な情報の量を，

　　　$\log_2 x$

で表わし，その単位をビットと呼んでいます．

　$\log_{10} x$ は，10進法になれた私たちのために，10を底に選んだ対

数で**常用対数**と呼ばれることは,すでに何度か書いてきました.福利計算などの数値計算には,多くの場合,常用対数が使われます.

$\log_e x$ は**自然対数**と呼ばれます.記号を使った数式の運算では,自然対数を使うのがふつうです.e という得体の知れない値がそこに使われているので,親しみにくい感じがしますが,数式の運算には自然対数がもっとも適しているからです.常用対数とははっきり区別をしておく必要があるときには,

　　常用対数　を　$\lg x$

　　自然対数　を　$\ln x$

と書いて区別することもありますが,数学の本に黙って $\log x$ と書いてあれば,$\log_e x$ のことだと思ってまちがいありません.

そこで,私たちも,これからはとくに断らないかぎり,対数は自然対数に統一することにしましょう.そうすると,102 ページの式 (4.36),

$$\frac{d}{dx}\log_k x = \frac{1}{x}\log_k e$$

はどうなるでしょうか.k の代わりに e を使うのですから,

$$\frac{d}{dx}\log_e x = \frac{1}{x}\log_e e$$

ですが,$\log_e e$ は 1 ですから,

$$\boxed{\frac{d}{dx}\log x = \frac{1}{x}} \qquad \text{覚えておこう} \qquad (4.39)$$

となります.自然対数を使った効果がすぐ表われて,すっきりした形になったではありませんか.

対数にばかり話が集中してしまいましたが,もう 1 つ宿題が残っ

微分しても　　　　　　　　積分しても

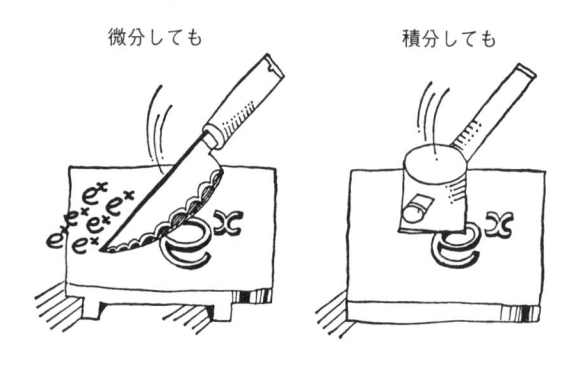

不死身の e^x

ていました．指数関数，すなわち，98 ページの式(4.29)，

$$y = k^x$$

の微分も求めておかなければなりません．けれども，この微分を計算するには，つぎの章でご紹介するテクニックが必要なので，ここでは結論だけを述べておくことにしようと思います．

$$\boxed{\frac{d}{dx} k^x = k^x \log k} \quad \text{覚えておこう} \tag{4.40}$$

ついでに，この式で k を e とおいてみると，

$$\frac{d}{dx} e^x = e^x \log e$$

$\log e$ は 1 ですから，

$$\boxed{\frac{d}{dx} e^x = e^x} \quad \text{覚えておこう} \tag{4.41}$$

となります．つまり，e^x は x で微分しても変わらないのです．ずっと前に書いたように，ある関数を微分してできた関数を積分すると，もとの関数に戻るのでしたから，e^x を微分すると e^x になるの

なら，e^x を積分するともとの e^x に戻るはずです．つまり，e^x は微分しても積分しても e^x のままで，まったく不死身の関数です．

導関数と微係数

この章では，いくつかの関数を微分したとき，どういう関数が現れるかを調べてきました．その結果も含めて，微分の公式を付録に整理しておきました．この本を読み終わるまで，何べんもそのページを開いてご覧になり，ついには手あかで汚れてしまいそうです．手あかで本を汚すのを避けるためには，手を常々きれいにするのも名案ですが，それよりは，

（１）　公式集（付録 285 ページ）を覚えてしまう

（２）　ハガキぐらいの紙に公式集を書き写して，し・お・り・の代わりに使い，必要に応じて見ていただく

のどちらかをお選びください．

最後に，用語の説明を少しだけ付け加えたいと思います．具体的な例として，

$$y = x^2$$

を使いましょう．もちろん，y は x の関数です．これを x で微分すると，

$$\frac{dy}{dx} = 2x$$

となって，微分した結果も x の関数になります．このように，もとの関数を微分した結果，求められた関数（この例では $2x$）を**導関数**といいます．つまり，導関数とは，もとの関数をグラフに描いたと

きの曲線の傾きを，x の関数として表わしたものです．図式的には，

$$\text{関数} \xrightarrow{\text{微分する}} \text{導関数}$$

ということになるでしょう．ですから逆にいえば，導関数を求めることを，その関数を微分するというわけです．

　私たちがこれからさき，いくつかの問題を取り扱っていくと，x がある値のときの導関数の値を知りたい場面に遭遇することが少なくありません．たとえば，

$$y = x^2$$

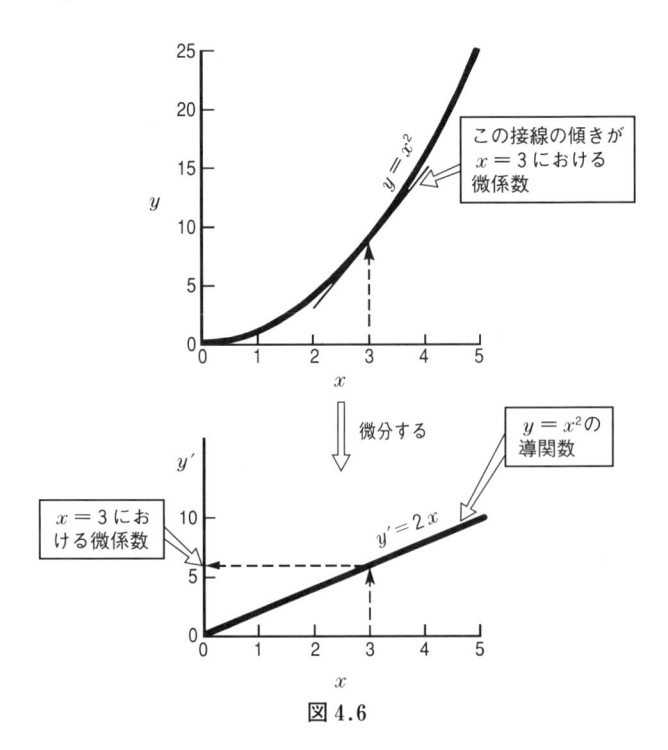

図 4.6

で，$x=3$ のときの導関数の値はいくらだろうか，というようにです．この値は，もちろん簡単に求めることができます．

$$\frac{dy}{dx}=2x$$

の x に 3 を代入すればよいだけですから，

$$\left(\frac{dy}{dx}\right)_{x=3}=6$$

となります．この値を，$x=3$ における x^2 の **微分係数** ── 略して，**微係数** と呼びます．すなわち，微係数とは，もとの関数（この場合 x^2）の曲線に，ある x の値（この場合 3）の位置で引いた接線の傾きそのものを意味しています（図 4.6）．

5. 微分の定石(その2)

和と差にはチャンポンの効果なし

　酒類をチャンポンに飲むと悪酔いをすると信じている人たちがいます．いっぽう，いや，そんなことはない．体内にはいったアルコールの絶対量が問題なのだ．その証拠におれを見ろ，と豪語して，ビールでスタートし，日本酒で調子を上げ，ウォッカで色を添え，ウイスキーで仕上げをして，翌日は一日中まっ青な顔で頭を抱えている男もいます．チャンポンは生理的には問題ないはずだという学者もいますが，心理的には別の作用もありそうな気がします．よくわかりません．

　昔から，食い合わせに注意せよ，といわれています．う̇ど̇ん̇は腹いっぱい食べても害はないし，す̇い̇か̇も過食していいが，う̇ど̇ん̇とす̇い̇か̇をいっしょに食べるとたいへんなことになる，というようなたぐいです．

5. 微分の定石（その2）

　世の中は，どうやら，2+3=5 というような単純なものばかりではなさそうです．2つ以上のものがいっしょになると，1つずつ処理するよりは，ずっとやっかいな処理法が必要になることも少なくありません．微分の定石の場合も同様です．

　　　　x^2 を微分すると　$2x$

　　　$\sin x$ を微分すると　$\cos x$

だからといって，

　　　$x^2 \sin x$ を微分すると　$2x \cos x$

になるというわけにはいかないのが残念です．そこで，この章ではチャンポンになった関数を微分する場合の定石を調べてみようと思います．

　前の章で，私たちはすでに，

$$\frac{d}{dx}(A+B) = \frac{dA}{dx} + \frac{dB}{dx}$$

という仮定を使いましたので，まず，2つの関数の和（または差）を微分するには，それぞれの関数を微分して，その和（または差）を求めればよいことを証明しておきましょう．AとBはそれぞれxの関数として取り扱っているのですが，A，Bでは感じが出ないので，$f(x)$と$g(x)$でそれぞれの関数を表わすことにします．すなわち，

　　　$y = f(x) + g(x)$　　　　　　　　　　　(5.1)

という関数を考えることにします．これが，チャンポン関数のうちでは，もっともシンプルな関数でしょう．

　さて，このチャンポン関数をxで微分してみます．微分のやり方は，いつでも74ページの式(4.1)と同じです．ここでは，xの関数

である y を，つまり，$y(x)$ を x で微分するのですから，

$$\frac{dy}{dx} = \lim_{\varDelta x \to 0} \frac{y(x+\varDelta x) - y(x)}{\varDelta x} \tag{5.2}$$

を求めればよいはずです．したがって，

$$\frac{dy}{dx} = \lim_{\varDelta x \to 0} \frac{\{f(x+\varDelta x) + g(x+\varDelta x)\} - \{f(x) + g(x)\}}{\varDelta x}$$

$$= \lim_{\varDelta x \to 0} \frac{\{f(x+\varDelta x) - f(x)\} + \{g(x+\varDelta x) - g(x)\}}{\varDelta x}$$

$$= \lim_{\varDelta x \to 0} \frac{f(x+\varDelta x) - f(x)}{\varDelta x} + \lim_{\varDelta x \to 0} \frac{g(x+\varDelta x) - g(x)}{\varDelta x}$$

$$= \frac{d}{dx} f(x) + \frac{d}{dx} g(x) \tag{5.3}$$

となります．48 ページでご紹介した記号を使って簡単に書けば，

$$y' = f'(x) + g'(x)$$

ということになって，前の章で使った仮定が証明できました．

　証明はできましたが，数式を使ったこういう証明は，味もそっけもありません．へえー，そんなものか，と思うばかりで，少しもこたえないのが，しゃくの種です．それで，視覚に訴えるように図を使ってみましょう．図 5.1 の左の例は，鳥の目から見たものです．したがって，曲線はなめらかにカーブしています．上の図は $f(x)$ の曲線で，ちょうど x の位置で接線が引かれており，この接線の傾きが $f(x)$ の x における微分値（微分係数）であることは，いうにおよびません．中の図は $g(x)$ の曲線で，同じように，x における微分係数を示す接線が記入されています．下の図は，$f(x) + g(x)$ の曲線です．$g(x)$ の曲線の上に，ちょうど $f(x)$ の値だけ加算し

5. 微分の定石（その2）

鳥の目から見れば　　　虫の目から見れば

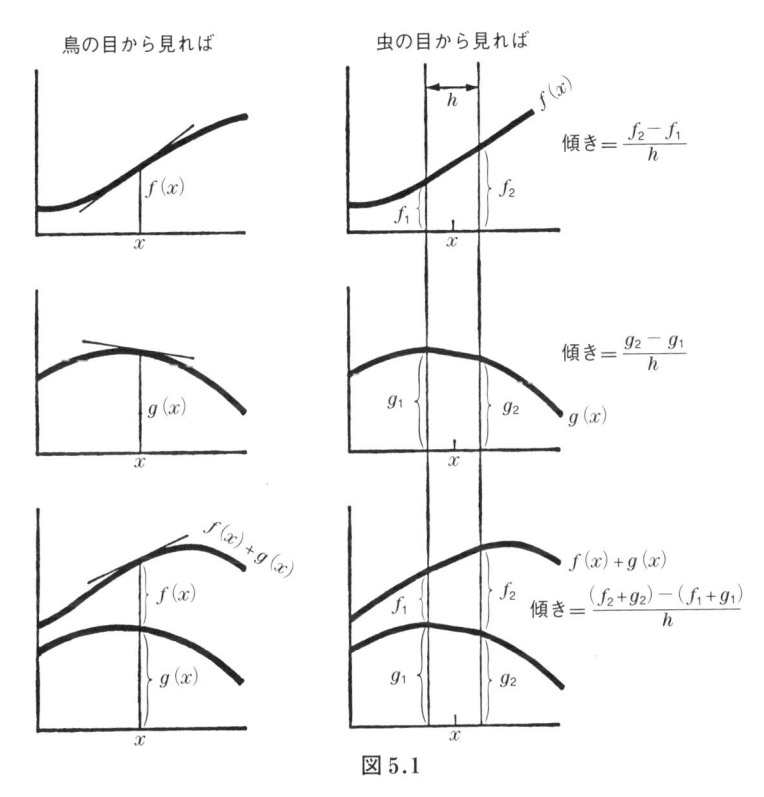

図 5.1

て，$f(x)+g(x)$ の曲線が引かれています．そして，この曲線上に，x の位置で接線が引かれていますが，

$$y'=f'(x)+g'(x)$$

を証明するには，この接線の傾きが，$f(x)$ の接線の傾きと，$g(x)$ の接線の傾きとを加え合わせた大きさになっていることが証明できればよいことになります．ところが，この図のままでは，縦から見ても，横からにらんでも，下から覗いてみても，証明するための手がかりがつかめません．

そこで，尊大な鳥の立場からではなく，もっと地道な虫の立場になって，狭い範囲をじっくりと濃い密度で観察してみることにしましょう．図5.1の右の例のようにxを含んで，ごく狭い範囲hをとり，この範囲だけに限って観察することにするのです．じゅうぶんに狭い範囲をとったので，虫の目からは$f(x)$の曲線も，$g(x)$の曲線も，$f(x)+g(x)$の曲線も，まったく直線に見えます．

いま，$f(x)$の値は，観察範囲hの左端ではf_1であり，右端ではf_2であるとしてみます．そうすると，虫の目で見た$f(x)$の直線の傾きは，

$$f(x)\text{の傾き}=\frac{f_2-f_1}{h}$$

で表わされます．同様に，$g(x)$の値がhの範囲の左端でg_1，右端でg_2であるとすると，xにおける$g(x)$の傾きは，

$$g(x)\text{の傾き}=\frac{g_2-g_1}{h}$$

です．つぎに，$f(x)+g(x)$はどうでしょうか．この曲線は，どの位置においても$f(x)$と$g(x)$とを加え合わせた値を示すはずですから，hの範囲の左端ではf_1+g_1であり，右端ではf_2+g_2になっているはずです．したがって，$f(x)+g(x)$のxにおける傾きは，

$$f(x)+g(x)\text{の傾き}=\frac{(f_2+g_2)-(f_1+g_1)}{h}$$

となっています．ところが，

$$\frac{(f_2+g_2)-(f_1+g_1)}{h}=\frac{f_2-f_1+g_2-g_1}{h}$$

たし算 と 引き算 の場合は，それぞれを微分

$$= \frac{f_2 - f_1}{h} + \frac{g_2 - g_1}{h}$$

ですから，

$f(x) + g(x)$の傾き $= f(x)$の傾き $+ g(x)$の傾き

であることがわかりました．傾きは，微分値を表わしていますから

$$\boxed{\frac{d}{dx}\{f(x) + g(x)\} = \frac{d}{dx}f(x) + \frac{d}{dx}g(x)}$$ 覚えておこう
(5.4)

が証明されたことになります．

2つの関数の差の場合にも，まったく同じやり方で数式による証明も，虫の目を借りた図形による証明も簡単にできますから，気のむいた時にやってみてください．

$$\boxed{\frac{d}{dx}\{f(x) - g(x)\} = \frac{d}{dx}f(x) - \frac{d}{dx}g(x)}$$ 覚えておこう
(5.5)

が容易に得られることを保証いたします．

2つの関数が和または差の形でチャンポンになっても"食い合わせ"の効果はなく，それぞれ別個に微分してやればよいことがわかりました．

いくつかの例をあげましょう．

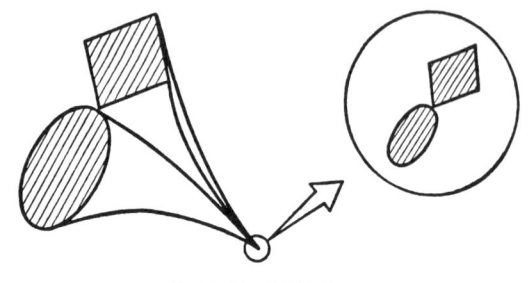

和の極限＝極限の和

$$\frac{d}{dx}\{x^3+2\,x^5\}=3\,x^2+10\,x^4$$

$$\frac{d}{dx}\{x+\sin x\}=1+\cos x$$

$$\frac{d}{dx}\{e^x-\tan x\}=e^x-\sec^2 x$$

$$\frac{d}{dx}\{\log x-\cos x\}=\frac{1}{x}+\sin x$$

蛇足かもしれませんが，付け加えさせていただくと，実は，式 (5.3) の運算には，ちょっとした論理の飛躍がありました．運算の途中で，

$$\lim_{x\to 0}\{A(x)+B(x)\}=\lim_{x\to 0}A(x)+\lim_{x\to 0}B(x)$$

つまり，2つの関数の和の極限は，それぞれの関数の極限の和だという考え方を使用しています．そして，まだ私たちは，この考え方が正しいことの論証を行なってはいませんでした．ほんとうは，この式から証明してかからないといけないのですが，この式の証明はやっかいなので，むずかしい証明を省略しても，直感的にこの関係は納得していただけるだろうと思うことにしました．

積にはチャンポンの効果あり

関数の和,または差を微分するときには,和や差になったためのチャンポン効果がなかったのでぐあいが良かったのですが,関数の積を微分する場合にはこうはいきません.2つの関数が積の形にからみつくと,いくらか下痢気味になるほど,食い合わせの効果がありそうです.

$$y = f(x) \cdot g(x)$$

を微分すると,どのような形になるかを調べてみましょう.運算はいささかめんどうですが,むずかしくはありません.シコシコとたんねんに計算をしていくことにします.

$$\frac{dy}{dx} = \lim_{\Delta x \to 0} \frac{f(x+\Delta x)g(x+\Delta x) - f(x)g(x)}{\Delta x}$$

ここで,右辺の分子から,$f(x)g(x+\Delta x)$ を引き,$f(x)g(x+\Delta x)$ を加えます.ある値を引いて,同じ値を加えてしまっては,なんにもならないように思えますが,それが大きな効果をもつのですから,「坊さんのロバ」* のような絶妙なお話です.

$$= \lim_{\Delta x \to 0} \{f(x+\Delta x)g(x+\Delta x) - f(x)g(x+\Delta x) + f(x)g(x+\Delta x) - f(x)g(x)\}/\Delta x$$

---

* 「坊さんのロバ」── 3人の息子の父親が死んだ.遺産はロバ17匹.長男は1/2,次男は1/3,三男は1/9を受けとるようにと遺言を残していた.17匹は2でも3でも9でも割り切れないので,3人の息子が困っているところへ,1匹のロバを連れた坊さんが通りかかり,息子たちの話を聞いた.坊さんは遺産のロバ17匹に自分のロバを加えて18匹とし,長男にはその1/2の9匹,次男には1/3の6匹,三男には1/9の2匹を分け与え,残った1匹を連れて去っていった……,というお話です.

$$=\lim_{\Delta x \to 0}\frac{g(x+\Delta x)\{f(x+\Delta x)-f(x)\}+f(x)\{g(x+\Delta x)-g(x)\}}{\Delta x}$$

$$=\lim_{\Delta x \to 0}\left\{\frac{f(x+\Delta x)-f(x)}{\Delta x}g(x+\Delta x)+f(x)\frac{g(x+\Delta x)-g(x)}{\Delta x}\right\}$$

$$=\lim_{\Delta x \to 0}\left\{\frac{f(x+\Delta x)-f(x)}{\Delta x}g(x+\Delta x)\right\}+\lim_{\Delta x \to 0}\left\{f(x)\frac{g(x+\Delta x)-g(x)}{\Delta x}\right\}$$

だんだん，よい形になってきました．ここまでの運算で，すでに「和の極限は極限の和」という考えを使っているのですが，一歩進んで「積の極限は極限の積」すなわち，

$$\lim_{x \to 0}\{A(x)B(x)\}=\lim_{x \to 0}A(x)\times\lim_{x \to 0}B(x)$$

という関係を利用することにします．この証明は，かなりむずかしいので，ここでは，直感的に是認しておいてください．この関係を使って，dy/dx の運算をさらにシコシコと進めます．

$$=\lim_{\Delta x \to 0}\frac{f(x+\Delta x)-f(x)}{\Delta x}\cdot\lim_{\Delta x \to 0}g(x+\Delta x)$$

$$+\lim_{\Delta x \to 0}f(x)\cdot\lim_{\Delta x \to 0}\frac{g(x+\Delta x)-g(x)}{\Delta x}$$

この式は，早口言葉のようにややこしい形をしています．早口言葉をじょうずにしゃべるコツは，単語ごとにはっきり区切って発音することであるように，グループごとに区切って意味を考えてみます．そうすると，

$$\lim_{\Delta x \to 0}\frac{f(x+\Delta x)-f(x)}{\Delta x}=f'(x)$$

$$\lim_{\Delta x \to 0}g(x+\Delta x)=g(x)$$

$$\lim_{\Delta x \to 0}f(x)=f(x)$$

5. 微分の定石（その２）

掛け算の場合

$$\lim_{\Delta x \to 0} \frac{g(x+\Delta x)-g(x)}{\Delta x}=g'(x)$$

ですから，ややこしい形の式は，

$$=f'(x)g(x)+f(x)g'(x)$$

の形にすっきりと整理されてしまいます．すなわち，2つの関数の積の微分は，

$$\frac{d}{dx}\{f(x)g(x)\}=f'(x)g(x)+f(x)g'(x) \quad (5.6)$$

覚えておこう

という形で表わされることになります．

さっそく，応用問題を1つ……．

$$y=x^2\sin x$$

を x で微分してみましょう．

$$x^2 \;\; を \;\; f(x)$$
$$\sin x \;\; を \;\; g(x)$$

とみなして，式(5.6)を適用することにします．

$$f'(x)=2x$$
$$g'(x)=\cos x$$

ですから，

$$y' = 2x\sin x + x^2 \cos x$$

が答です．食い合わせの効果がいくらかありますが，下痢気味になるほど，激しい毒作用はなさそうです．

3つの関数の積を微分するときも，同じ考え方が使用できます．たとえば，

$$y = f(x)g(x)h(x)$$

なら，まず，$f(x)g(x)$ をひとかたまりとして，

$$y' = \frac{d}{dx}\{f(x)g(x)\} \times h(x) + f(x)g(x) \times h'(x)$$

とし，つぎに $f(x)g(x)$ の微分を行なえば，

$$y' = \{f'(x)g(x) + f(x)g'(x)\}h(x) + f(x)g(x)h'(x)$$
$$= f'(x)g(x)h(x) + f(x)g'(x)h(x) + f(x)g(x)h'(x)$$
(5.7)

という整然とした式が得られます．もっと見やすく書けば，

$$\frac{d}{dx}\{ABC\} = A'BC + AB'C + ABC'$$

という形になっているのですから，覚えるのも簡単です．4つ以上の関数の積についても，同じことです．

なお，式(5.6)で $g(x)$ を定数（たとえば k）とすれば，

$$\frac{d}{dx}\{kf(x)\} = kf'(x) \tag{5.8}$$

を得ることができます．なにしろ，定数のグラフは傾きがゼロなので，定数を微分すればゼロになりますから……．

最後にいくつかの例をあげておきますから，各人で確かめていただきたいと思います．

$y = a\cos x$ なら $y' = -a\sin x$ 　　　　　(5.8)の応用

$y = e^x \tan x$ なら $y' = e^x \tan x + e^x \sec^2 x = e^x(\tan x + \sec^2 x)$

$y = x\log x$ なら $y' = \log x + \dfrac{x}{x} = \log x + 1$

$y = (x+4)(3x^2+2)$ なら $y' = (3x^2+2)^* + (x+4)\cdot 6x$

$y = \cos x \sin x \tan x$ なら

$y' = -\sin x \sin x \tan x + \cos x \cos x \tan x + \cos x \sin x \sec^2 x$

　$= -\sin^2 x \tan x + \cos^2 x \tan x + \tan x^{**}$

　$= \tan x(-\sin^2 x + \cos^2 x + 1) = 2\tan x \cos^2 x^{***}$

商のチャンポン効果はやや強い

たし算, 引き算, 掛け算と進んでくれば, つぎは, 割り算と昔から決まっています. そのしきたりに私たちも従うことにしましょう.

$$y = \dfrac{f(x)}{g(x)}$$

を微分したらどうかを確かめてみます. また, しばらくシコシコに耐えていかねばなりません.

---

　* 　$x+4$ を微分すると1になるから

　** 　$\sec^2 x = \dfrac{1}{\cos^2 x}$ だから $\cos x \sin x \sec^2 x = \dfrac{\cos x}{\cos x} \cdot \dfrac{\sin x}{\cos x} = \tan x$

*** 　$1 = \sin^2 x + \cos^2 x$ だから

　　　$-\sin^2 x + \cos^2 x + 1 = -\sin^2 x + \cos^2 x + \sin^2 x + \cos^2 x = 2\cos^2 x$

$$\frac{dy}{dx} = \lim_{\Delta x \to 0} \frac{\dfrac{f(x+\Delta x)}{g(x+\Delta x)} - \dfrac{f(x)}{g(x)}}{\Delta x}$$

$$= \lim_{\Delta x \to 0} \left\{ \frac{1}{\Delta x} \frac{f(x+\Delta x)g(x) - f(x)g(x+\Delta x)}{g(x+\Delta x)g(x)} \right\}$$

ここで,右辺の分子から $f(x)g(x)$ を差し引き,$f(x)g(x)$ を加えます.「坊さんのロバ」です.

$$= \lim_{\Delta x \to 0} \left\{ \frac{1}{\Delta x} \frac{f(x+\Delta x)g(x) - f(x)g(x) - f(x)g(x+\Delta x) + f(x)g(x)}{g(x+\Delta x)g(x)} \right\}$$

$$= \lim_{\Delta x \to 0} \frac{\dfrac{f(x+\Delta x)-f(x)}{\Delta x} g(x) - f(x) \dfrac{g(x+\Delta x)-g(x)}{\Delta x}}{g(x+\Delta x)g(x)}$$

前の節までに「和や差の極限は極限の和や差」,「積の極限は極限の積」という法則を使いましたが,それを拡張して,

$$\lim_{x \to 0} \frac{A(x)}{B(x)} = \frac{\lim_{x \to 0} A(x)}{\lim_{x \to 0} B(x)}$$

の関係,つまり「商の極限は極限の商」の関係を,証明なしに是認していただくことにします.そうすると,

$$= \frac{\lim_{\Delta x \to 0}\left\{\dfrac{f(x+\Delta x)-f(x)}{\Delta x}g(x)\right\} - \lim_{\Delta x \to 0}\left\{f(x)\dfrac{g(x+\Delta x)-g(x)}{\Delta x}\right\}}{\lim_{\Delta x \to 0} g(x+\Delta x)g(x)}$$

という形になります.グループごとに極限を考えると,

$$\lim_{\Delta x \to 0} \left\{ \frac{f(x+\Delta x)-f(x)}{\Delta x} g(x) \right\} = f'(x)g(x)$$

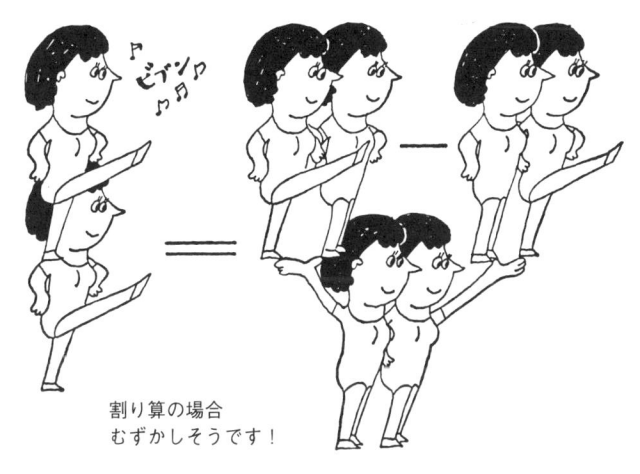

5. 微分の定石(その2)

割り算の場合
むずかしそうです!

$$\lim_{\Delta x \to 0}\left\{f(x)\frac{g(x+\Delta x)-g(x)}{\Delta x}\right\}=f(x)g'(x)$$

$$\lim_{\Delta x \to 0}\{g(x+\Delta x)g(x)\}=g(x)g(x)=\{g(x)\}^2$$

ですから,計算の続きは,

$$=\frac{f'(x)g(x)-f(x)g'(x)}{\{g(x)\}^2}$$

となりました.すなわち,関数の商の微分は,

$$\boxed{\frac{d}{dx}\frac{f(x)}{g(x)}=\frac{f'(x)g(x)-f(x)g'(x)}{\{g(x)\}^2}} \quad (5.9)$$

覚えておこう

で計算できることがわかりました.

関数の和や差は,チャンポンの効果がまったくなかったのですが,関数の積では式(5.6)のようにチャンポンの毒作用が現れ,そして,関数の商では,式(5.9)のように毒作用も少々ひどくなってきました.別に私のせいではありませんが,申し訳ないような気もします.

第4章で,三角関数を微分したとき,$\sin x$ と $\cos x$ については,

微分の意味を考えた式を作って導関数を求めたのに，$\tan x$ については，微分すると $\sec^2 x$ になるという結論だけを書きっぱなしにしていました．いまや，商の微分法がわかったので，

$$\tan x = \frac{\sin x}{\cos x}$$

の関係を利用して，$\tan x$ の導関数も求められる段取りになりました．やってみましょう．

$f(x) = \sin x$ とすると $f'(x) = \cos x$

$g(x) = \cos x$ とすると $g'(x) = -\sin x$

ですから，式(5.9)を利用すれば，

$$\frac{d}{dx}\frac{\sin x}{\cos x} = \frac{\cos x \cos x + \sin x \sin x}{\cos^2 x}$$
$$= \frac{\cos^2 x + \sin^2 x}{\cos^2 x}$$
$$= \frac{1}{\cos^2 x} = \sec^2 x$$

というぐあいです．簡単すぎて，気の抜けたビールのような感じです．

なお，式(5.9)で，

$f(x) = 1$

とおいてみると，$f'(x) = 0$ ですから，

$$\boxed{\frac{d}{dx}\frac{1}{g(x)} = -\frac{g'(x)}{\{g(x)\}^2}} \quad \text{覚えておこう} \quad (5.10)$$

が得られます．これも，役にたつ公式です．

関数の商の微分について，いくつかの例題をあげてみましょう．鉛筆と紙を準備して，確かめていただければ幸いです．

$$\frac{d}{dx}\frac{1}{x^3+1} = -\frac{3x^2}{(x^3+1)^2}$$

$$\frac{d}{dx}\sec x = \frac{d}{dx}\frac{1}{\cos x}$$

$$= -\frac{-\sin x}{\cos^2 x} = \frac{\sin x}{\cos x}\frac{1}{\cos x}$$

$$= \tan x \sec x$$

$$\frac{d}{dx}\frac{cx+d}{ax+b} = \frac{c(ax+b)-(cx+d)a}{(ax+b)^2} = \frac{bc-ad}{(ax+b)^2}$$

$$\frac{d}{dx}\frac{\log x}{x} = \frac{\frac{1}{x}x - \log x}{x^2} = \frac{1-\log x}{x^2}$$

因果関係の将棋倒し

　もう，すっかり忘れられてしまいましたが「風が吹くと桶屋がもうかる」という論法がありました．風が吹く→ほこりがたつ→ほこりが目にはいる→目を痛める人が多い→目の悪い人は，しゃみせんを弾く……という調子で，このあとは，しゃみせんに猫の皮を張るために猫が殺され，ねずみがふえ，桶がかじられ，桶がたくさん売れる，と続きます．世の中の因果応報のからくりは，ずいぶん遠くまで関係があるのだと，いいたかったのでしょう．

　事実，世の中のできごとは，何段かのステップを経て結びついているものが，いくらでもあります．たとえば，自動車のアクセルペダルを踏むと，車の速度は増加します．けれども，右足を踏み込む力で車の速度が増したわけではありません．ペダルを踏み込む→ガ

びっくり＝f(ねずみの動作)
ねずみの動作＝g(猫の動作)
猫の動作＝h(犬の動作)

合成関数の因果はめぐる

ガソリンがたくさん流れる→エンジンの出力が増す→車が速く走る，という因果関係で，結果的には，右足の踏込みと車の速度が結びついているわけです．かりに，

  ペダルの踏込み角度 θ
  ガソリンの流量 Q
  エンジンの出力 P
  車の速度 V

と書いてみると，これらの因果関係は，

$$Q=f(\theta)$$
$$P=g(Q)$$
$$V=h(P)$$

という形で表わされることになります．すなわち，θを決めるとQが決まる，Qが決まるとPが決まる，Pが決まるとVが決まる，という順序です．こういうとき，θを少し変えたらVはどう変わるかを調べるには，Vをθで微分しなければならないのですが，さて，どうしたら微分ができるでしょうか．典型的な例として，つぎのよ

5. 微分の定石(その2)

うな場合について調べてみます.

いま,

$$y = f(t)$$
$$t = g(x)$$

の関数関係があるとします. x は, t という仲介者を経て, 間接的に y を決めています. このようなとき, y は x の**合成関数**であるといいます.

図 5.2 のように, x を Δx だけ増してやると, t は Δt だけ増加し, t が Δt だけふえると, y は Δy だけ増すと考えてみます. そうすると Δx と Δy との比は,

$$\frac{\Delta y}{\Delta x} = \frac{\Delta y}{\Delta t} \cdot \frac{\Delta t}{\Delta x}$$

で表わされます.

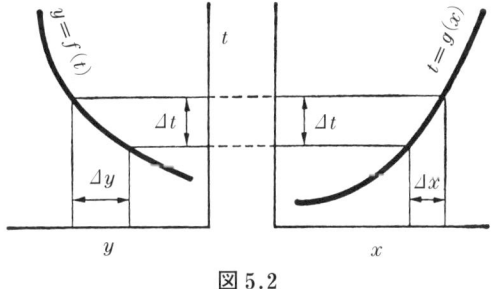

図 5.2

この式で, $\Delta x \to 0$ の極限を考えると,

$$\lim_{\Delta x \to 0} \frac{\Delta y}{\Delta x} = \lim_{\Delta x \to 0} \left(\frac{\Delta y}{\Delta t} \cdot \frac{\Delta t}{\Delta x} \right)$$

となりますから,「積の極限は極限の積」であったことを思い出すと,

$$\lim_{\Delta x \to 0}\frac{\Delta y}{\Delta x} = \lim_{\Delta x \to 0}\frac{\Delta y}{\Delta t} \cdot \lim_{\Delta x \to 0}\frac{\Delta t}{\Delta x}$$

$\Delta x \to 0$ ということは,同時に $\Delta t \to 0$ であることを意味しますから,右辺第1項の $\Delta x \to 0$ を $\Delta t \to 0$ に書き直すことができ,

$$\lim_{\Delta x \to 0}\frac{\Delta y}{\Delta x} = \lim_{\Delta t \to 0}\frac{\Delta y}{\Delta t} \cdot \lim_{\Delta x \to 0}\frac{\Delta t}{\Delta x}$$

微分の定義そのものによって,

$$\lim_{\Delta x \to 0}\frac{\Delta y}{\Delta x} = \frac{dy}{dx} \qquad \text{etc.}$$

ですから,

$$\boxed{\frac{dy}{dx} = \frac{dy}{dt} \cdot \frac{dt}{dx}} \qquad \text{覚えておこう} \tag{5.11}$$

という関係があることがわかりました.

この例では,変数 x と関数 y との間にある仲介者は t だけでしたが,因果関係が何段階にまたがっていても,理くつは同じです.たとえば,ペダルの踏込み角と車の速度の場合なら,

$$\frac{dV}{d\theta} = \frac{dV}{dP} \cdot \frac{dP}{dQ} \cdot \frac{dQ}{d\theta}$$

ということになります.将棋倒しのような感じです.

合成関数の微分法は

$$y = (x^2 + 2x + 3)^{100}$$

というような関数を微分するときに,ただちに功徳を表わします.いままでの知識でこの式を微分するには,右辺を展開して,

$$x^{200} + ax^{199} + bx^{198} + cx^{197} + \cdots\cdots + 3^{100}$$

という201項も続く長い式を作り,1つひとつ微分していかなけれ

ばならないので，シコシコどころのさわぎではありません．けれども，

$$x^2+2x+3=t$$

とおいてみれば，

$$y=t^{100}$$

ですから，

$$\frac{dy}{dt}=100\,t^{99}$$

となりますし，また，

$$\frac{dt}{dx}=2x+2$$

ですから，

$$\frac{dy}{dx}=\frac{dy}{dt}\frac{dt}{dx}=100\,t^{99}(2x+2)$$
$$=200(x^2+2x+3)^{99}(x+1)$$

と，これは，また，おそろしく簡単に微分ができてしまいます．

もう1つ例をあげます．

$$y=\sqrt{ax^2+bx}$$

を微分してみましょう．このままでは手の付けようもありませんが，二日酔でもしていないかぎり，

$$ax^2+bx=t$$

とおけばよいことに気が付くはずです．そうすると，

$$y=t^{1/2}$$

$$\frac{dy}{dt}=\frac{1}{2}\,t^{-1/2}$$

$$\frac{dt}{dx} = 2ax + b$$

ですから,

$$\frac{dy}{dx} = \frac{dy}{dt} \frac{dt}{dx} = \frac{1}{2} t^{-1/2}(2ax+b)$$

$$= \frac{2ax+b}{2\sqrt{ax^2+bx}}$$

という答が得られます. ご名答!

将棋倒しの功徳

前の章で, 微分しても積分しても変わらない"不死身の e^x"の話をしました. そのとき,

$$\frac{d}{dx} k^x = k^x \log k \tag{5.12}$$

の関係を証明なしに使いましたが, 合成関数の微分式(5.11)まで進んできましたので, やっと証明できる段取りになりました.

k^x を x で微分するために,

$$y = k^x \tag{5.13}$$

とおき, 両辺の対数をとります. そうすると,

$$\log y = x \log k \tag{5.14}$$

となります. つぎに, この両辺を x で微分します. 右辺の微分は, $\log k$ が定数ですから, わけはありませんが, 左辺の $\log y$ を x で微分するにはどうしたらよいでしょうか. $\log y$ を y で微分すれば $1/y$ になることは, すでに知っておりますが, $\log y$ を x で微分す

5. 微分の定石(その2)

るには式(5.11)の功徳が必要です.

$$z = \log y$$

と書いてみましょう. そうすると,

$$\frac{dz}{dx} = \frac{dz}{dy}\frac{dy}{dx}$$

$$= \frac{1}{y}\frac{dy}{dx}$$

となります. すなわち, 式(5.14)の両辺を x で微分すると,

$$\frac{1}{y}\frac{dy}{dx} = \log k$$

したがって,

$$\frac{dy}{dx} = y \log k$$

式(5.13)によって y は k^x ですから,

$$\frac{d}{dx}k^x = k^x \log k$$

となり, いつの間にか式(5.12)が証明できてしまいました.

この運算の過程に, 秘宝が1つ隠れています. それは, y が x の関数であるとき, $\log y$ を x で微分すると,

$$\frac{d}{dx}\log y = \frac{1}{y}\frac{dy}{dx}$$

になるというくだりです. y は x の関数ですから,

$$y = f(x) \qquad \text{ただし} \quad f(x) > 0$$

$$\frac{dy}{dx} = f'(x)$$

と書くと,

$$\frac{d}{dx}\log f(x) = \frac{f'(x)}{f(x)} \quad \text{覚えておこう}$$ (5.15)

という形になります．この公式も，まことに便利です．たとえば,

$$y = \log(x^2 + 4)$$

の場合には,

$$f(x) = x^2 + 4$$
$$f'(x) = 2x$$

ですから,

$$\frac{dy}{dx} = \frac{2x}{x^2 + 4}$$

というような調子で計算すればよいわけです．

なこうどは，しょせん，なこうどにすぎず

合成関数は,

$$y = f(t)$$
$$t = g(x)$$

という因果関係で，結果的には，y が x の関数となっていました．つまり，風が吹く→ほこりがたつ→ほこりが目にはいる→……というぐあいに順次に因果がめぐっていったのですが，世の中の因果のめぐり方は，このような一本道ばかりとはかぎりません．1つの原因が，同時に2つ以上の結果を生むことがあるからです．たとえば，いまここに，25歳の夫と28歳の妻がいるとします．3つ違いの姉さん女房です．この夫婦の t 年後の年齢は，もちろん t の関数です．

小鳥の動作＝f(猫の動作)
ねずみの動作＝g(猫の動作)

媒介変数の因果はめぐる

したがって,
　　t 年後の夫の年齢を　y
　　t 年後の妻の年齢を　x
とすれば,
　　　$y=f(t)$
　　　$x=g(t)$
の形に表わすことができます．t という原因が，同時に x という結果と y という結果とを生んでいるといえるでしょう．

　合成関数の場合と因果のめぐり方は違いますが，この場合でも，やはり，x を決めれば y が決まります．夫が 30 歳なら妻は 33 歳です．合成関数と異なるところは，夫が 30 歳になったという原因で妻が 33 歳になったのではなく，時間の経過が夫と妻とに別々に作用して，夫は 30 歳に妻は 33 歳になったというだけの話です．けれども，x を決めれば y が決まるのですから，y が x の関数であるこ

とには変わりありません．t を媒介にして x と y とが結びついているのです．それで，t を**媒介変数**と名づけます．

y が x の関数なら，y を x で微分することができるはずですが，さて，どうしたらよいでしょうか．図 5.3 のように，t を Δt だけ増してやると，x は Δx だけ，また，y は Δy だけ増加するものと考えてみます．そうすると，Δx と Δy との比は，

$$\frac{\Delta y}{\Delta x} = \frac{\dfrac{\Delta y}{\Delta t}}{\dfrac{\Delta x}{\Delta t}}$$

で表わされます．ここで「商の極限は極限の商」であることを思い

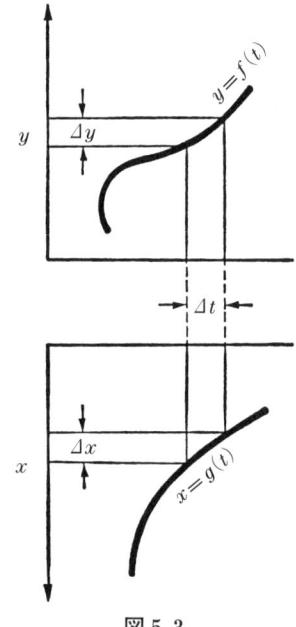

図 5.3

出すと,

$$\lim_{\Delta x \to 0} \frac{\Delta y}{\Delta x} = \frac{\lim_{\Delta x \to 0} \frac{\Delta y}{\Delta t}}{\lim_{\Delta x \to 0} \frac{\Delta x}{\Delta t}}$$

$\Delta x \to 0$ ということは,同時に $\Delta t \to 0$ であることを意味しますから,

$$\lim_{\Delta x \to 0} \frac{\Delta y}{\Delta x} = \frac{\lim_{\Delta t \to 0} \frac{\Delta y}{\Delta t}}{\lim_{\Delta t \to 0} \frac{\Delta x}{\Delta t}}$$

すなわち,

$$\boxed{\frac{dy}{dx} = \frac{\frac{dy}{dt}}{\frac{dx}{dt}}} \qquad \text{覚えておこう} \tag{5.16}$$

ということになります.

たとえば,

$$y = t^2 - 1$$
$$x = t^2 + t + 1$$

であるとしてみましょう. y を x で微分するのに,この2つの式から t を消去して y を x の関数として表わし,それを x で微分することもできないことはありません.けれども,ちょっとめんどうで,うっかりすると計算まちがいをしでかしそうです.こういうとき,式(5.16)を利用すれば,

$$\frac{dy}{dt} = 2t$$

$$\frac{dx}{dt} = 2t + 1$$

ですから,

$$\frac{dy}{dx} = \frac{2t}{2t+1}$$

と, なんの雑作もありません.

ついでに,

$$\boxed{\frac{dy}{dx} = \frac{1}{\dfrac{dx}{dy}}} \qquad \text{覚えて おこう} \tag{5.17}$$

という関係もご紹介しておきましょう. 証明は省略しますが, 極限をとるまえの増分 $\varDelta x$ と $\varDelta y$ の関係,

$$\frac{\varDelta y}{\varDelta x} \cdot \frac{\varDelta x}{\varDelta y} = 1$$

を出発点にして「積の極限は極限の積」を使えば簡単にできますから, 各人でやってみてください.

式(5.17)は, たとえば,

$$x = y^2 + 2y + 1$$

という形から dy/dx を求めるときなどに便利です.

$$\frac{dx}{dy} = 2y + 2$$

ですから,

$$\frac{dy}{dx} = \frac{1}{2y+2}$$

となるからです.

なお，式(5.16)は，式(5.17)の関係を利用すると，

$$\frac{dy}{dx} = \frac{dy}{dt} \cdot \frac{dt}{dx}$$

となって，合成関数の微分(式(5.11))とまったく一致します．すなわち，因果関係の道すじがどうあろうと，yがxの関数とみなせるならば，yをxで微分するときの数学上の取扱いは，まったく同じでよい，ということになります．tというな・こ・う・ど・は，しょせん，な・こ・う・ど・にすぎず，xとyとの本質的な関係には立ち入れないもののようです．

微分できるか，できないか

いままで，私たちが取り扱う関数は，連続でなめらかな曲線を描いているものと考えてきました．なにしろ，微分は，接線の傾きを求めることだと理解してきましたから，接線が引けないような点があっては困るのです．関数を表わす曲線上で，定まった傾きの接線が引けるならば，その関数は，その点で**微分可能**であるといいます．そして，私たちの身のまわりの現象を説明するような関数は，ほとんど，必要な範囲で微分可能です．ですから，日常生活で取り扱う微分の場合には，微分できないことがあるかもしれないという心配は，あまり必要ありません．

けれども，学校の試験などでは，微分ができない点での微係数を尋ねるような，ひっかけ問題が出されることもありますから，どういう場合に微分できないかを，ちょっとだけ調べておくことにしました．

$$y=\frac{1}{x}$$

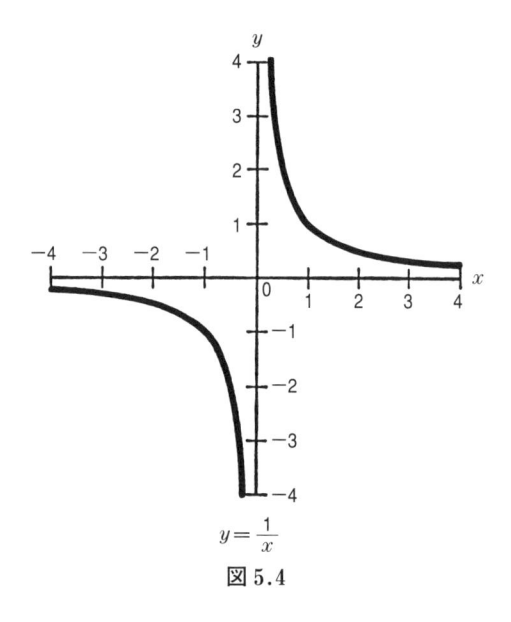

図 5.4

図 5.4 は,

$$y=\frac{1}{x}$$

という平凡な関数なのですが, x がゼロの点で y の値がありません. つまり, $x=0$ で曲線が切れています. いいかえれば曲線が**不連続**です. したがって, $x=0$ でこの曲線に接線を引こうにも引きようがないから, $x=0$ の点では微分が不可能です.

図 5.5 は,

$$y=\sqrt[3]{x^2}$$

の曲線です. この関数は $x=0$ で $y=0$ ですから, ちゃんと値がありますし, 曲線としては連続しています. けれども $x=0$ の点で接線を引こうと思うと, どう引いてよいかわかりません. x がマイナス

$$y = \sqrt[3]{x^2}$$
図 5.5

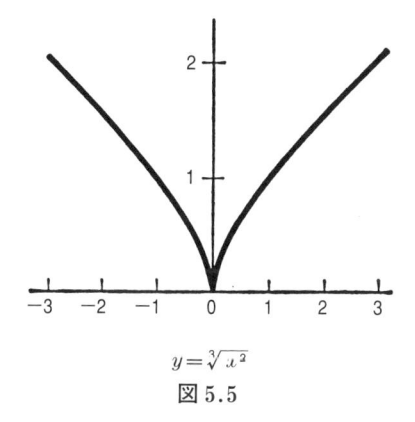

のほうからゼロに近づいてくると，接線の傾きはマイナス無限大になるし，x がプラスのほうからゼロに近づくと，接線の傾きはプラス無限大になってしまいます．この曲線は連続ではありますが，接線の傾きが確定していないので，微分可能ではありません．

それでは，$f(x)$ が $x=a$ の点で微分可能であるためには，どういう条件が必要でしょうか．それは，

$$\lim_{\Delta x \to +0} \frac{f(a+\Delta x)-f(a)}{\Delta x} = \lim_{\Delta x \to -0} \frac{f(a+\Delta x)-f(a)}{\Delta x} \tag{5.18}$$

が成立することです．この式の中で，$\Delta x \to +0$ と書いたのは，Δx がプラスのほうからゼロに近づくことですし，$\Delta x \to -0$ は，Δx がマイナスのほうからゼロに近づくことを表わしています．

この式には，2つの意味が含まれています．第1は，$x=a$ の点で関数の値が存在することです．存在しなければ $f(a)$ がないのですから，この式が成立するわけがありません．第2は，x が a に右から近づいたときと，左から近づいたときの接線の傾きが等しい，いいかえれば，関数を表わす曲線が a の点で，槍ヶ岳の頂上のよう

にとんがっておらず，だんご山のようななめらかな曲線であることを意味しています．

式(5.18)が成立すれば，$f(x)$は，$x=a$の点で必ず微分ができます．もし，微分ができないとすれば，それは関数のせいではなく，微分について勉強不足だからです．

6. 身のまわりの微分

メラオ君の場合は

 私も，いやがらせの年齢に近づいたのでしょうか．たいへん失礼なことをしてしまいました．極大極小に挑戦した3章で，メラネシアのメラオ君が恋人の家まで最短の時間で到達するためのコースを見つける問題を，3章までの知識では解けないのを承知で提出し，解けないままに放置してしまったのです．失礼をお詫びしなければなりません．けれども，4章と5章とで，じっくりと微分の定石に取り組んだかいあって，私たちは，たいていの関数を微分することができるようになりました．そこで，放置したままになっているメラオ君の問題を片づけることから，この章をはじめたいと思います．

 メラオ君の問題を要約すると，つぎのとおりです．図6.1のように，出発点と終点とが幅lの水路の対岸にあり，水路方向にもLだけずれています．メラオ君の水中での速さはv，地上での速さはV

図 6.1

メラオ君の速さ
水中 v
地上 V

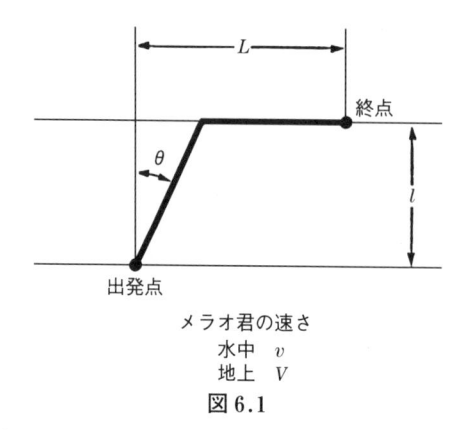

です．出発点からどの方向に泳ぎ出せば，最短時間で終点に到着できるでしょうか．この問題を解くために，所要時間 T を，出発方向 θ の関数として表わしてみました．式(3.25)がそうです．

$$T=\frac{l}{v\cdot\cos\theta}+\frac{L-l\tan\theta}{V} \qquad \begin{matrix}(6.1)\\ (3.25)\text{と同じ}\end{matrix}$$

この式を θ で微分して $dT/d\theta$ を求め，それをゼロにするような θ を見いだせば，そのとき T は極小になるはずなのですが，この式が θ で微分できなかったために，そのまま放置してしまったのでした．

いまや，式(6.1)は，まったく容易に微分できます．すなわち，

$$\begin{aligned}\frac{dT}{d\theta}&=\frac{l}{v}\cdot\sec\theta\cdot\tan\theta-\frac{l}{V}\sec^2\theta \\ &=\sec^2\theta\left(\frac{l}{v}\sin\theta-\frac{l}{V}\right)\end{aligned} \qquad (6.2)$$

です．ここで，

$$\frac{dT}{d\theta}=0$$

6. 身のまわりの微分

になるためには，$\sec^2\theta$ か（　）の中かがゼロになる必要がありますが，$\sec^2\theta$ は絶対にゼロになりませんから，

$$\frac{l}{v}\sin\theta - \frac{l}{V} = 0$$

すなわち，

$$\sin\theta = \frac{l}{V}\frac{v}{l} = \frac{v}{V} \tag{6.3}$$

となることが必要です．この関係を満たすような θ を，

$$\theta = \sin^{-1}\frac{v}{V} \tag{6.4}$$

と書くのですが，とにかく，図 6.2 のような方向に向かって泳ぎ出せば，所要時間が極小になることがわかりました．

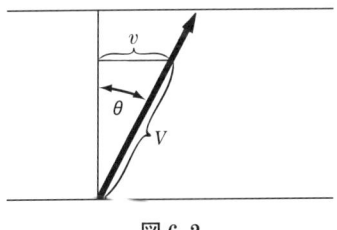

図 6.2

念のために，この θ のときに T が極大ではなく，極小になることを確かめておきましょう．そのためには，

$$\left(\frac{d^2T}{d\theta^2}\right)_{\sin\theta=\frac{v}{V}} > 0$$

であることを確かめればよいのでした（55 ページ参照）．そこで式 (6.2) をもう一度微分します．

$$\sec^2\theta = f(\theta)$$

$$\frac{l}{v}\sin\theta - \frac{l}{V} = g(\theta)$$

と考えて，

$$\frac{d}{d\theta}\left\{f(\theta)g(\theta)\right\} = f'(\theta)g(\theta) + f(\theta)g'(\theta)$$

の関係を使います．そうすると，

$$f'(\theta) = 2\sec^2\theta\tan\theta \text{ *}$$

$$g'(\theta) = \frac{l}{v}\cos\theta$$

ですから，

$$\frac{d^2T}{d\theta^2} = 2\sec^2\theta\tan\theta\left(\frac{l}{v}\sin\theta - \frac{l}{V}\right) + \sec^2\theta\frac{l}{v}\cos\theta$$

$$= 2\sec^2\theta\tan\theta\left(\frac{l}{v}\sin\theta - \frac{l}{V}\right) + \frac{l}{v}\sec\theta$$

が求まります．この式で，

---

* $f = \sec^2\theta$ を微分するには，

  $$\sec\theta = t$$

  とおけば，

  $$f = t^2$$

  $$\frac{dt}{d\theta} = \sec\theta\tan\theta$$

  だから，

  $$\frac{df}{d\theta} = \frac{df}{dt}\frac{dt}{d\theta}$$

  $$= 2t\sec\theta\tan\theta$$

  $$= 2\sec\theta\sec\theta\tan\theta = 2\sec^2\theta\tan\theta$$

  となる．

$$\sin\theta = \frac{v}{V}$$

とおくと，右辺の（　）の中はゼロになるので，

$$\left(\frac{d^2T}{d\theta^2}\right)_{\sin\theta=\frac{v}{V}} = \frac{l}{v}\sec\theta$$

メラオ君の場合には θ は $0\sim 90°$ の間なので，$\sec\theta$ は必ずプラスになります．すなわち，

$$\left(\frac{d^2T}{d\theta^2}\right)_{\sin\theta=\frac{v}{V}} > 0$$

であり，$\sin\theta = v/V$ のときの T は極小値であることが証明できました．

ところで，式(6.3)を見てください．この式には，l も L も含まれておりません．おもしろい結果だとは思いませんか．水路の幅 l がどうであろうと，水路に沿ったへだたり L がどうであろうと，最短時間で終点に到達するためには，

$$\sin\theta = \frac{v}{V}$$

になるような角度 θ で泳ぎ出せばよいと，この式は教えているのです（図6.3）．なぜ，このようなことになるのか，もう少し考察を進

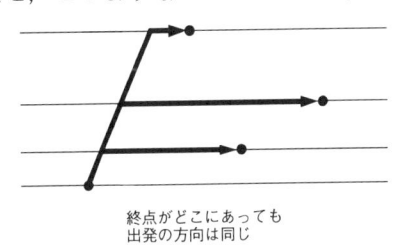

終点がどこにあっても
出発の方向は同じ

図 6.3

めてみましょう．

光が曲がるわけ

　メラオ君の場合より，もう少し一般的な状況を設定します．図6.4のように，ある境界線 MN があります．そして，MN より手前（図では下）の領域では速度 v で進み，MN より向こうの領域では，速度 V で進むことができると思ってください．MN より手前にある a 点から出発して MN より向こうの領域にある A 点まで，もっとも短い時間で到達するには，どのコースを通ればよいでしょうか．

　MN より手前の領域だけについてみれば，コースは直線のはずですし，向こうの領域の中でもコースは直線のはずです．おのおのの領域内では，どこを走っても速度が一定なので，最短距離のコースを走れば最短時間で到達することができるからです．けれども，a から A へ到達するための最短時間のコースは，境界線 MN のところで折れ曲がらないとはかぎりません．コースが折れ曲がってコースの全長が長くなっても，速度がおそい領域内を走る距離が短くな

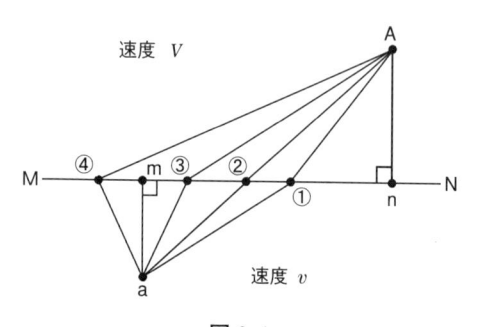

図6.4

ったために時間が節約できて，全体としては必要時間が短縮できるかもしれないからです．しかし，コースが折れ曲がるにしても限度があります．たとえば図6.4のa→④→Aが最短時間のコースになることはありえません．m点の右側に④と対象な点③をとれば，a→④に要する時間とa→③に必要な時間は同じであり，④→Aには確実に③→Aより多くの時間を必要とするからです．したがって，MN上での折れ曲がり点は，mとnの間にあることになります．

折れ曲がり点を見つけるために，図6.5のように記号を約束しましょう．図の中にΘという見なれない記号が使われていますが，これは，θ（シーター）の大文字です．速度Vの領域では大文字を，速度vの領域では小文字を使うことにしようというわけです．

速度vの領域内を走る距離は，

$$\sqrt{l^2+x^2}$$

です．その距離をvの速度で走るのに要する時間は，

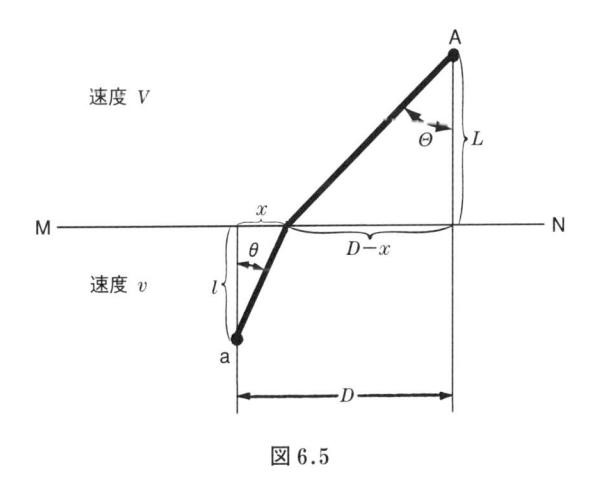

図6.5

$$\frac{\sqrt{l^2-x^2}}{v}$$

です.同様に,速度 V の領域を走って A 点に到着するのに必要な時間は,

$$\frac{\sqrt{L^2+(D-x)^2}}{V}$$

ですから,a 点から A 点までの全所要時間 T は,

$$T=\frac{\sqrt{l^2-x^2}}{v}+\frac{\sqrt{L^2+(D-x)^2}}{V} \tag{6.5}$$

の形で x の関数として表わされます.T を極小にするための x は,dT/dx をゼロとおけば求められることは,すでに,もう何回も経験ずみです.130 ページあたりの定石を参考にすれば,

$$\frac{dT}{dx}=\frac{2x}{2v\sqrt{l^2+x^2}}+\frac{-2(D-x)}{2V\sqrt{L^2+(D-x)^2}} \qquad *$$

---

* $y=\sqrt{l^2+x^2}$ という形の関数を x で微分する場合には,しばしば遭遇します.このときには,
$$l^2+x^2=t$$
とおいてください.
$$y=t^{1/2}$$
$$\frac{dy}{dt}=\frac{1}{2}t^{-1/2}$$
$$\frac{dt}{dx}=2x$$
ですから,
$$\frac{dy}{dx}=\frac{dy}{dt}\frac{dt}{dx}$$
$$=\frac{1}{2}t^{-1/2}\cdot 2x=\frac{2x}{2\sqrt{l^2+x^2}}=\frac{x}{\sqrt{l^2+x^2}}$$
となります.

$$= \frac{x}{v\sqrt{l^2+x^2}} - \frac{D-x}{V\sqrt{L^2+(D-x)^2}} \tag{6.6}$$

図 6.5 を見ていただくと,

$$\frac{x}{\sqrt{l^2+x^2}} = \sin\theta$$

$$\frac{D-x}{\sqrt{L^2+(D-x)^2}} = \sin\Theta$$

であることがわかりますから,

$$\frac{dT}{dx} = \frac{\sin\theta}{v} - \frac{\sin\Theta}{V}$$

となります。T を極小にするためには,これをゼロとおくのですから,

$$\frac{\sin\theta}{v} = \frac{\sin\Theta}{V}$$

または,

$$\frac{v}{V} = \frac{\sin\theta}{\sin\Theta} \tag{6.7}$$

となり,このときに,所要時間 T が極小となります。まだまだ……極小ではなくて極大かもしれないぞ,という良心的な方は,式 (6.6) をもう一度微分して,極小であることを確認しておいてください.

ここで,メラオ君の場合を思い出してください。A 点が恋人の家に相当するのですが,それは,ちょうど境界線 MN の上にありました。したがって,Θ は 90° で,

$$\sin\Theta = 1$$

なので,式(6.7)は,

$$\frac{v}{V} = \sin \theta$$

となって,式(6.3)と一致しています.

メラオ君が,オリンピック級のスピードを誇りながら,それでも,一刻も早く恋人の家へ到達する努力を怠らなかったように,べらぼうな速さをもつ光もその速さに酔いしれて努力を怠ることなく,常に最短時間のコースを突っ走ります.たとえば,光の速さは,

空中では 3×10^{10} cm/sec (1秒間に赤道上を7.5周)

水中では 2.25×10^{10} cm/sec

ですから,空気と水の境界面では,光のコースが折れ曲がり,屈折の現象が起こります(図6.6).つまり,

$$\frac{\sin \theta}{\sin \Theta} = \frac{2.25}{3} = 0.75$$

$$\frac{\sin \Theta}{\sin \theta} = \frac{3}{2.25} = 1.33$$

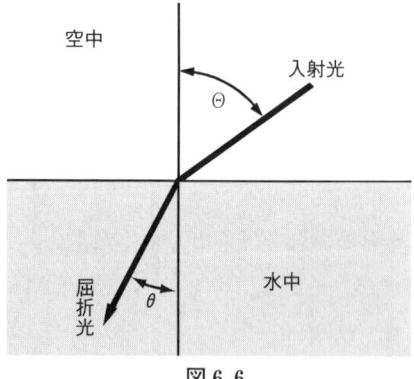

図6.6

6. 身のまわりの微分

になるような θ から Θ へ，または，Θ から θ へコースが屈折することになります．一般には，空中の光の速度は真空中の光の速度とほぼ同じであり，真空中の光の速度は，この世でもっとも速い速度なので，これを基準にとり，真空中から水などの物質に光が進入する場合を考えます．そして，図 6.6 のように，入射光が境界面の法線となす角度を入射角，屈折光のなす角度を屈折角といい，

$$\frac{\sin 入射角}{\sin 屈折角} = その物質の屈折率$$

と呼んでいます．つまり，水の屈折率は 1.33 です．

　光の進路は，空中から水中へ進んでも，逆に水中から空中へ進んでもまったく同じコースを通りますから，水中に光源を置いた場合の光のコースを図 6.7 に描いてみました．水から空中への入射角が $48.5°$ ぐらいになると，光は空中へ進入できずに境界面に沿って進みます．メラオ君の場合が，ちょうどこの条件に相当していました．もっと入射角が大きくなると，境界面で光がはね返されて水中に戻ってしまい，けっして空中に出ることはできません．この現象を全

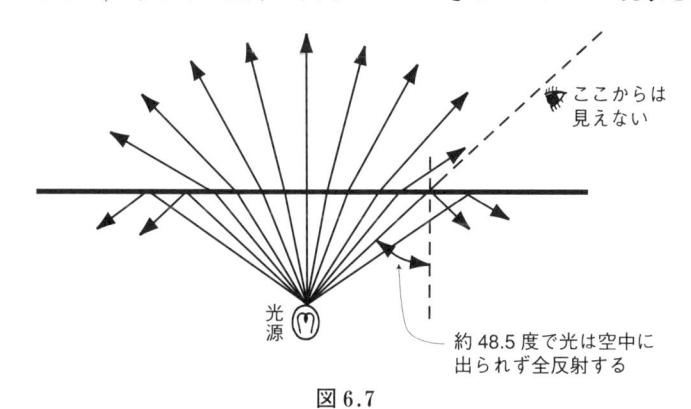

図 6.7

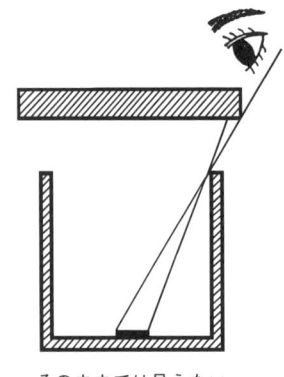

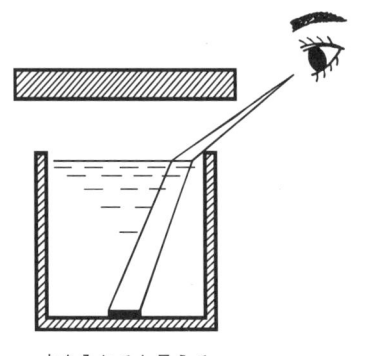

そのままでは見えない　　　　水を入れると見える

図 6.8

伝来の家宝

反射と呼んでいます．ですから，図 6.8 の左図のようなところからでは，絶対に水中の光源を見ることができないので，古くからこの原理を使った手品があります．

また，こういう話もあります．左の絵のような妙な品物が先祖代々から家宝として伝えられていたのだそうです．鉄製の桶の上に，少し離れて板製のふたががっしりと取り付けられています．何に使うのかわからないまま，家宝だというので大切にしまってあったのですが，あるとき，何気なく桶の中に水を入れてみました．そうしたら桶の底に宝物のありかを書いた文字がはっきりと読みとれたというのです．きっと，図 6.8 のように光の屈折を巧みに利用したからくりであったのでしょう．

数学モデルを作る

スポーツには，精神力の集中と，その積み重ねが非常にものをいう競技が少なくありません．ゴルフではコースを一巡する間に百回ぐらいボールを叩くのですが，1回ごとに精神を集中させて，ていねいにボールを打つことが何よりもたいせつで，ちょっとでも投げやりな気持ちでクラブを振ると，たちまちスコアが悪くなってしまいます．ボウリングでは1ゲームに十数回しかボールを投げませんが，たった十数回でも，ちゃんと気持ちを落ち着け精神を集中して投げ終えることは意外にむずかしいものです．

中でも，射撃競技は，精神の安定と，気力の集中を要求するという点では，最たるものであるといわれています．たとえば，オリンピックで射撃の花形であるライフル3姿勢は，伏射40発，膝射40発，立射40発の計120発を，3時間以上かけて射ち終わり，その得点で優勝を競うのですが，試合が終わると，精神的な疲労のために，腰が抜けたようになってしまうことも，しばしばだそうです．

競技者の精神にこれだけ過酷な負担をかけるのは気の毒千万なので，気力もさることながら，知力のほうも必要な射撃のルールを考えてみました．射撃の技術と精神力のほかに，クイズ解きの頭の回転も必要となる新ルールです．

図6.9を見てください．射撃の的は，幅wの板です．板の厚さは非常にうすいのでゼロとみなすことができ，高さはじゅうぶんに高いので，的の上下に弾が外れることはないと考えることができます．この的は地面の上に垂直に立てられており，地上には的に直角に白線が引かれています．この白線からLだけ離れて平行なもう1本の

図 6.9

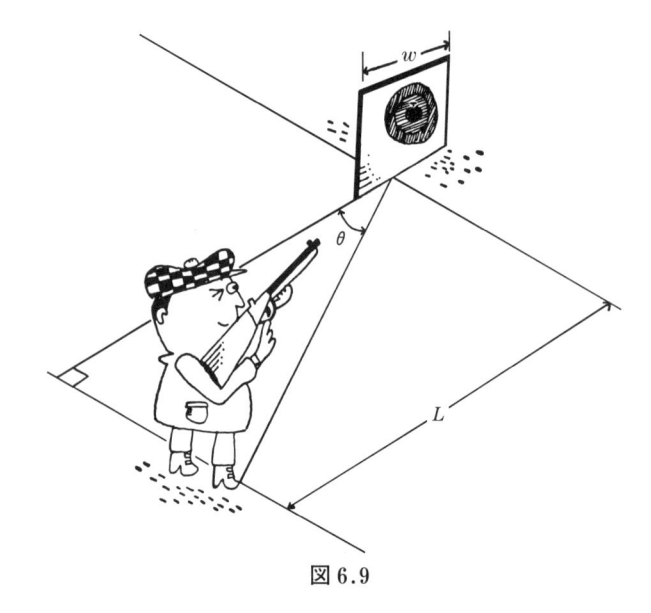

白線が引かれており，射手はこの白線上の好きな位置から的を射撃することにします．これが，射撃の新ルールです．射手は，白線上のどの位置を選ぶのが得策でしょうか．

的にもっとも近い位置は，的のまん前ですが，この位置から見た的は，幅がゼロの直線ですから，弾が当たる可能性はほとんどありません．白線上を右か左に少し移動すると，的の幅はだんだん広く見えてきますが，その代わり，的からの距離が遠くなるので，その分だけは不利になります．さらに，右か左へ移動すると，的を幅の広いほうから見るようになるのですが，距離が遠くなるために，結果的には的の幅が狭く見えてくるはずです．どの位置に立てば的の幅を含む視角がもっとも大きくなるかを判断しなければならないところが，新ルールのおもしろさです．

この問題は，的のまん前から見ると視角が小さく，右か左へ移動するにつれて視角が大きくなり，さらに移動を続けると視角が再び小さくなるという性質があり，その中で視角が極大になる位置を見つけようというのですから，3章で取り扱った極大極小の問題の仲間です．それなら，私たちの十八番(おはこ)です．視角を表わす関数を作り，射手の位置を表わす変数で微分し，それをゼロとおいて変数の値を求めれば，その位置で視界が極大になっているというしくみです．さっそく，試みてみましょう．

　方程式をたてる前に，こういう問題を数学的に解くときの常識について触れておく必要がありそうです．数学で自然現象を解く場合には，なるべくすっきりした数学モデルを作るように努めるのがふつうで，そのためには，細かい部分はとくに断らなくても無視してしまうことが少なくありません．たとえば，私たちのクイズでは，弾の大きさは無視してしまいます．なぜかというと，弾の大きさは的の幅wや，的までの距離に比べてかなり小さいのがふつうですから，弾の直径を無視したことによる誤差は気にするほどのことはないし，いっぽう，弾の直径を考慮して方程式をたてるなら，弾の重心が的に当たったときに命中するとか，弾のどこかが的に当たれば命中だとか議論がうるさいし，"命中"の意味の約束によっては，方程式が非常にめんどうになるからです．めんどうな割に効果の少ないことは，かんべんしてもらおうというのが，数学モデルを作るときの思想です．そういう立場から，私たちは，弾の直径を無視すると同時に，Lはwに比べてじゅうぶん大きいと考えることにします．なお，不用意に「数学モデルを作る」と書いてしまいましたが，その意味は，「現象を数式を使って表わす」すなわち「方程式をた

図 6.10

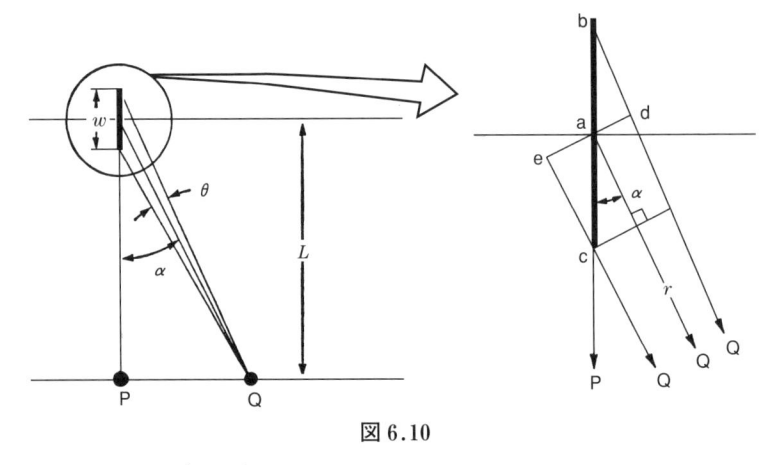

てる」ことです.

　さて，的の幅を含む視角 θ を表わす方程式をたててみましょう．図 6.10 を見てください．的と射手との関係位置を上から見た図です．射手は白線上の Q 点に立っています．Q 点と的の中心 a とを結ぶ直線 $\overline{aQ}$ が $\overline{aP}$ となす角度を α とします．α が決まれば θ が決まるので，θ を α の関数として表わそうというこんたんです．的の両端を b および c とすると，的を含む視界 θ は，

$$\theta = \angle bQc$$

なのですが，このままでは θ と α を結びつけにくいので，ひとくふうします．的の中心 a で $\overline{aQ}$ に直角な直線を引き，$\overline{bQ}$ との交点を d，$\overline{cQ}$ の延長線との交点を e とします．そうすると視界 θ は，

$$\theta = \angle dQe$$

で表わされます.

　ここで，ちょっと古い記憶を蘇（よみがえ）らせていただく必要があります．92 ページの脚注のあたりです．半径 r で角度 θ の扇形を考えると，

6. 身のまわりの微分

$$\widehat{\mathrm{ed}} = r\theta$$
$$\widehat{\mathrm{ed}} \ll r \text{ なら}$$
$$\overline{\mathrm{ed}} = \widehat{\mathrm{ed}} = r\theta$$

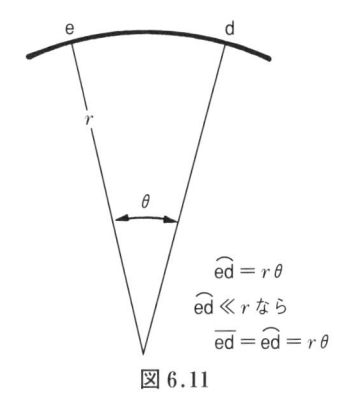

図 6.11

図 6.11 のように,
$$\widehat{\mathrm{ed}} = r\theta$$
でした. もし, $\widehat{\mathrm{ed}}$ に比して r がぐんと大きいなら,
$$\widehat{\mathrm{ed}} = \overline{\mathrm{ed}}$$
とみなしてもほとんど誤差がありませんから,
$$\overline{\mathrm{ed}} = r\theta$$
すなわち,
$$\theta = \frac{\overline{\mathrm{ed}}}{r} \tag{6.8}$$
の関係があることになります.

私たちの射撃の問題では,
$$r = \overline{\mathrm{aQ}}$$
ですし,
$$\overline{\mathrm{aQ}} \cos\alpha = L \quad \text{したがって} \quad r = \frac{L}{\cos\alpha}$$
ですから, 式(6.8)によって,

$$\theta = \frac{\overline{\mathrm{ed}}}{L}\cos\alpha \tag{6.9}$$

となります．つぎに $\overline{\mathrm{ed}}$ の長さを計算します．的の幅 w に比して，$\overline{\mathrm{aP}}$ はじゅうぶんに大きいとしているので，w に比して $\overline{\mathrm{aQ}}$ もじゅうぶんに大きく，したがって，$\overline{\mathrm{bQ}}$ も $\overline{\mathrm{eQ}}$ も $\overline{\mathrm{aQ}}$ に平行であると考えることができますから

$$\angle \mathrm{dba} = \angle \mathrm{eca} = \angle \mathrm{QaP} = \alpha$$

とみなすことができます．L が w に比してじゅうぶん大きいと考えた効果がここに現れています．

$$\overline{\mathrm{ad}} = \overline{\mathrm{ba}}\sin\alpha = \frac{w}{2}\sin\alpha$$

$$\overline{\mathrm{ae}} = \overline{\mathrm{ac}}\sin\alpha = \frac{w}{2}\sin\alpha$$

ですから，

$$\overline{\mathrm{ed}} = \overline{\mathrm{ad}} + \overline{\mathrm{ae}} = w\sin\alpha$$

となりました．これを式(6.9)に代入すると，

$$\theta = \frac{w}{L}\sin\alpha\cos\alpha \tag{6.10}$$

となり，ついに θ を α の関数として表わすことに成功しました．

なお，問題の性質から，

$$\theta \geq 0$$

であり，また，

$$0 \leq \alpha < \frac{\pi}{2}\ (90°)$$

であることに注意しておきましょう．Q点は，Pの左側にある場合，

いいかえれば，α がマイナスの場合には，θ もマイナスとして取り扱わなければならず，わずらわしいので，α がプラスの場合だけに限定しておこうというわけです．

定石を使って解く

既定方針にしたがって，いよいよ θ を α で微分する段取りになりました．この関数を微分するには2通りの方法が考えられます．

［第1の方法］

$(w/L)\sin\alpha\cos\alpha$ を $(w/L)\sin\alpha$ と $\cos\alpha$ の積であると考えて，

$$\frac{d}{dx}f(x)g(x)=f'(x)g(x)+f(x)g'(x)$$

を適用するのも一案です．

$$f(x)=\frac{w}{L}\sin\alpha \quad \text{とすると} \quad f'(x)=\frac{w}{L}\cos\alpha$$

$$g(x)=\cos\alpha \quad \text{とすると} \quad g'(x)=-\sin\alpha$$

ですから，

$$\frac{d\theta}{d\alpha}=\frac{w}{L}\cos\alpha\cos\alpha-\frac{w}{L}\sin\alpha\sin\alpha$$

$$=\frac{w}{L}(\cos^2\alpha-\sin^2\alpha)$$

2倍角の公式（付録参照）によって，

$$\frac{d\theta}{d\alpha}=\frac{w}{L}\cos 2\alpha \tag{6.11}$$

［第2の方法］

はじめから 2 倍角の公式,

$$\sin 2\alpha = 2\sin\alpha\cos\alpha$$

を適用して,

$$\theta = \frac{w}{L}\sin\alpha\cos\alpha = \frac{w}{2L}\sin 2\alpha \tag{6.12}$$

とし, ここで,

$$2\alpha = t \tag{6.13}$$

とおいてみます. θ は t の関数で, t は α の関数という合成関数の考え方, すなわち,

$$\frac{d\theta}{d\alpha} = \frac{d\theta}{dt} \cdot \frac{dt}{d\alpha}$$

を使うわけです.

$$\theta = \frac{w}{2L}\sin t$$

ですから,

$$\frac{d\theta}{dt} = \frac{w}{2L}\cos t$$

いっぽう, 式(6.13)を微分して,

$$\frac{dt}{d\alpha} = 2$$

となりますから,

$$\frac{d\theta}{d\alpha} = 2\frac{w}{2L}\cos t = \frac{w}{L}\cos 2\alpha \tag{6.14}$$

というぐあいです.

第 1 の方法によっても, 第 2 の方法によっても,

$$\frac{d\theta}{d\alpha} = \frac{w}{L}\cos 2\alpha \tag{6.15}$$

が求まりましたので，つぎは，的を含む視角 θ が極大になる点を求めるために，

$$\frac{w}{L}\cos 2\alpha = 0 \tag{6.16}$$

を解きます．私たちは，

$$0 \leq \alpha < \frac{\pi}{2}$$

の範囲に限定して推論を進めてきましたから，式(6.16)が成立するのは，

$$\alpha = \frac{\pi}{4} \ (45°)$$

45°の方向が
もっとも当たりやすい

の場合です．つまり，45°の方向から的をねらうのがもっとも命中しやすいということがわかりました．

念のために，α が 45°のとき θ が極大になるのであり，極小になるのではないことを確かめておきましょう．式(6.5)をさらに微分するために，もう一度，

$$2\alpha = t$$

とおきます．

$$\frac{d\theta}{d\alpha} = \theta'$$

と書いて，

$$\theta' = \frac{w}{L}\cos t$$

を微分すると，

$$\frac{d\theta'}{dt} = -\frac{w}{L}\sin t$$

ですから，

$$\frac{d\theta'}{d\alpha} = \frac{d\theta'}{dt} \cdot \frac{dt}{d\alpha}$$

$$= -\frac{2w}{L}\sin t = -\frac{2w}{L}\sin 2\alpha$$

となります．すなわち，

$$\frac{d^2\theta}{d\alpha^2} = -\frac{2w}{L}\sin 2\alpha$$

です．α が $\pi/4$，すなわち，45°のとき，この値は明らかにマイナスになります．したがって，α が 45°のときに，的を含む θ が極大

とっくりから酒があふれるわけ

職場からの帰り途，行きつけのバーに立ち寄って，話上手のママと軽口をたたきながら，オン・ザ・ロックのスコッチを味わうのも結構なものですが，親しい友人たちと寄せ鍋を囲みながら，熱燗の盃を傾けるのも，また，格別の楽しさです．そういうとき，一升びんの酒をとっくりに移す「とくとく」という音が，いっそう趣を添えてくれます．ところが，この「とくとく」がなかなかむずかしく，うっかりすると，とっくりの口から酒をあふれさせてしまいます．とっくりの中がよく見えないし，それに，とっくりの首のところが細くなっているので，ゆっくりと酒を注いでいるつもりでも急に水面が，いや酒面が上昇してくるからです．とっくりの中を急激に上昇してくる酒面に驚いて，一升びんの口をぐいと持ち上げるのですが，そのタイミングが一瞬でも遅れると，酒が畳の上にまでこぼれるはめになります．この一瞬のタイミングがむずかしく，酔いがまわるにつれて至難の業となるのですが，そのむずかしさを，微分を使って調べてみることにしましょう．

とっくりには，いろいろな形のものがあり，それぞれ飲んべえを楽しませてくれますが，複雑な曲線は数学的に取り扱いにくいので，ここでは，図6.12のような円すい形をしたとっくりを準備しましょう．そして，図のように，底の半径をr，円すいの高さをhとし，いま，ちょうどxの高さまで酒がはいっているものとします．そして，一定の速さで酒を注いでいったとき，xがどのように変化する

図 6.12

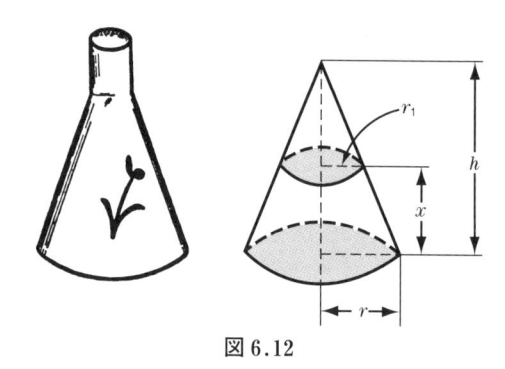

かを調べて、とっくりの首のあたりでは、x のふえ方がにわかに激しくなるのに驚こうというつもりです.

まず、円すいの体積は、

$$\frac{1}{3}\pi r^2 h$$

であることを思い出しておきましょう. また、酒の上面の半径 r_1 は、

$$r_1 = r\frac{h-x}{h}$$

であることも念頭におきましょう. このとっくりに現在はいっている酒の量 Q は、円すいの全体積から、上部の空間の体積を差し引いた体積ですから、

$$\begin{aligned}Q &= \frac{1}{3}\pi r^2 h - \frac{1}{3}\pi\left(r\frac{h-x}{h}\right)^2(h-x) \\ &= \frac{1}{3}\pi r^2\left\{h - \frac{(h-x)^3}{h^2}\right\}\end{aligned} \qquad (6.17)$$

となります.

6. 身のまわりの微分

　私たちが知りたいのは, 酒を注ぎ込む速さ, いいかえれば, とっくり中の酒の量 Q が時間につれて増加する割合, すなわち dQ/dt を一定にしたとき, 酒面が上昇する速さ dx/dt がどう変化するか, です. けれども, 式(6.17)からは, 直接に dx/dt は求めにくいようです. 求めやすいのは dQ/dx です. けれども,

$$\frac{dQ}{dx} = \frac{\dfrac{dQ}{dt}}{\dfrac{dx}{dt}} \quad (135\text{ページ参照})$$

すなわち,

$$\frac{dx}{dt} = \frac{\dfrac{dQ}{dt}}{\dfrac{dQ}{dx}} \tag{6.18}$$

ですし, dQ/dt(酒を注ぐ速さ)は一定と考えるのですから dQ/dx を求めれば, dx/dt(酒面が上昇する速さ)の様子は調べられるはずだというのが私たちのシナリオです.

　dQ/dx を求めれば, dx/dt が検討できる見通しができたので, 式(6.17)を x で微分します. 微分はさしてむずかしくありません. $(h-x)^3$ を展開するのはわずらわしいので, 合成関数の微分法を利用することにして,

$$h - x = z \quad (t\text{の記号は時間に使うから, ここでは使わない})$$

$$\frac{dz}{dx} = -1$$

とおきましょう. そうすると,

$$Q = \frac{1}{3}\pi r^2 \left\{ h - \frac{z^3}{h^2} \right\}$$

$$\frac{dQ}{dz} = -\frac{\pi r^2}{h^2} z^2$$

ですから,

$$\frac{dQ}{dx} = \frac{dQ}{dz} \cdot \frac{dz}{dx}$$

$$= \frac{\pi r^2}{h^2} z^2 = \frac{\pi r^2}{h^2} (h-x)^2$$

となりました.

この関係を, シナリオにしたがって, 式(6.18)に代入すると,

$$\frac{dx}{dt} = \frac{h^2}{\pi r^2 (h-x)^2} \frac{dQ}{dt} \tag{6.19}$$

が得られます. 酒を注ぐ速さ dQ/dt を一定と考えると, 酒面の上昇速度 dx/dt は x だけの関数になります. dx/dt が x につれてどう変化するかを調べるために, 分子分母を h^2 で割って, 式の形を少しだけ変形すると,

$$\frac{dx}{dt} = \frac{1}{\pi r^2} \frac{dQ}{dt} \frac{1}{\left(1-\dfrac{x}{h}\right)^2}$$

$$= \frac{Q'}{\pi r^2} \frac{1}{\left(1-\dfrac{x}{h}\right)^2}$$

となります. この式で x を 0 から h までの範囲で変化させながら dx/dt の値を計算してグラフにプロットすると, 図6.13のような曲線が得られます. 横軸はとっくりの中の酒面の高さ x であり, 縦軸は酒面の上昇速度 dx/dt です. 見てください. 酒がとっくりの底

6. 身のまわりの微分

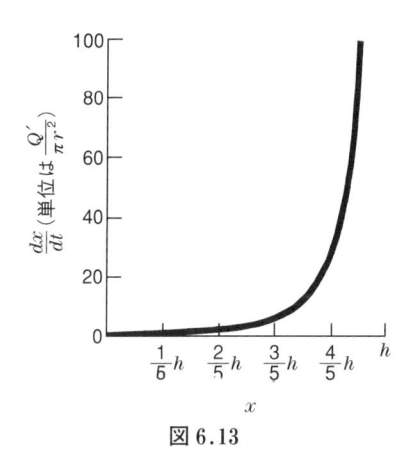

図 6.13 (縦軸: $\dfrac{dx}{dt}$（単位は $\dfrac{Q'}{\pi r^2}$），横軸: x，目盛 $\dfrac{1}{5}h, \dfrac{2}{5}h, \dfrac{3}{5}h, \dfrac{4}{5}h, h$)

のほうにしかはいっていないときは，酒面の上昇速度は小さいのに，酒面がとっくりの高さの 70〜80 % ぐらいになると，酒面の上昇速度はもうぜんと速くなり，とっくりの首のあたりでは，驚くほどの速さで酒面が上昇します．一升びんからとっくりに酒を注ぐとき，酒をあふれさせずに，ぴたりと止めることが，いかにむずかしいか，びっくりしたではありませんか．

船を引く速さ

岸壁の上にあるウインチでロープを巻き取り，海上の船を引き寄せる場合を考えてみます．ロープを巻き取る速さを一定にすると，船が岸壁に近づく速さはどのように変化するでしょうか．海釣りで，リールを巻いて魚を引き寄せる場合を考えてもよいのですが，魚は海面ばかりではなく，水中にもぐることもあり，数学モデルを作りにくいので，海面上に浮かんだ船を例題に選んでみました．

図 6.14

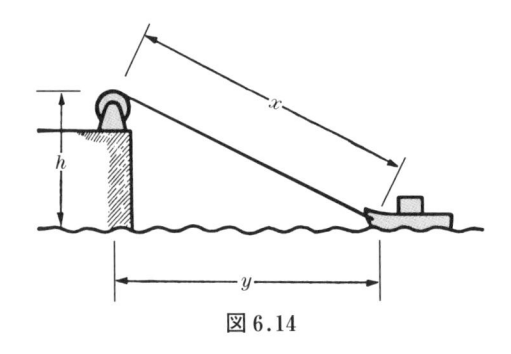

図 6.14 のように、ロープの長さを x、岸壁と船との距離を y、岸壁の高さを h とすると、x と y の関係を表わす数学モデルは、

$$x^2 - y^2 = h^2 \tag{6.20}$$

となります。x が一定の速さで減少するとき、y がどのように変化するかを調べるために、x がちょっと減ったとき、y がどれだけ変わるかを調べてみます。つまり、y を x で微分してみようというわけです。

ところで、x が決まれば y が決まりますから、y は x の関数です。けれども式(6.20)そのものは、

$$y = f(x) \tag{6.21}$$

の形をしておりません。x と y とが式(6.21)のように分離されてはおらず、ごちゃまぜになって方程式の中に組み込まれています。y が x の関数であるにもかかわらず、方程式の中にごちゃまぜに雑居しているとき、y は x の**陰関数**であるといいます。これに対して、式(6.21)のように、y が x の式で表現されているとき、y は x の**陽関数**であるといわれます。

式(6.20)は陰関数なのですが、このような陰関数を x で微分する

には，もちろん，式(6.20)をyについて解き，陽関数の形に作り直してからxで微分することも可能です．けれども，そのような手数をかけずに，陰関数のまま微分してしまうことも，むずかしくはありません．

$$x^2-y^2=h^2 \qquad (6.20)と同じ$$

を，そのままxで微分してみましょう．＝の記号は，左辺と右辺とがまったく等しいことを表わしています．まったく等しいものに同じ処置を加えれば，まったく等しいものができ上がるはずですから，左辺と右辺をともにxで微分しても，やはり，＝は成立するはずです．まず，左辺を微分します．左辺は，x^2とy^2の差ですが，関数の和や差を微分するには，それぞれを微分してやればよいのでした．

$$\frac{d}{dx}(x^2)=2x$$

$$\frac{d}{dx}(y^2)=\frac{d}{dy}(y^2)\cdot\frac{dy}{dx}{}^{*}$$

$$=2y\cdot\frac{dy}{dx}$$

です．また，右辺は定数ですからxで微分すればゼロになります．したがって，式(6.20)をxで微分すると，

$$2x-2y\frac{dy}{dx}=0$$

---

* $y^2=z$とおいてみてください．

$$\frac{dz}{dx}=\frac{dz}{dy}\cdot\frac{dy}{dx}=\frac{d}{dy}(y^2)\cdot\frac{dy}{dx}$$

となります．つまり，y^2をxで微分するには，まず，yで微分しておき，それにdy/dxを掛け合わせてやればよいということになります．

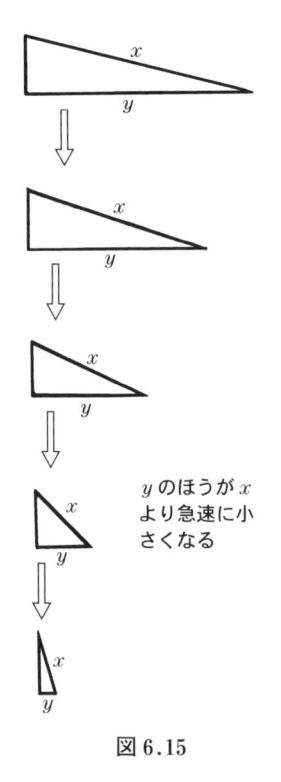

すなわち,

$$\frac{dy}{dx} = \frac{x}{y} \qquad (6.22)$$

と, 意外に容易に陰関数を微分することができました. 一般に, 陰関数が与えられたときには, 陽関数に直してから微分するより, 陰関数のまま微分するほうがらくなぐらいです.

式(6.22)は, x をちょっとだけ減らしたとき, y がどのくらい減るかの割合を示しています. その割合が x/y なのですが, x/y は x が小さくなるほど大きくなります. 図6.15に見るように, x が小さくなると y も小さくなるのですが, y のほうが x よりも急速に小さくなるからです. つまり, 船が岸壁に近づくほど, 近づく速さが激しくなってくることを表わしています. この様相は, 時間を表わす変数 t を使って,

$$\frac{dy}{dx} = \frac{dy}{dt} \cdot \frac{dt}{dx}$$

の関係を式(6.22)に代入すると, いっそう明瞭になります.

$$\frac{dy}{dt} \cdot \frac{dt}{dx} = \frac{x}{y}$$

ですから,

図6.15

y のほうが x より急速に小さくなる

$$\frac{dy}{dt} = \frac{x}{y}\frac{dx}{dt} \tag{6.23}$$

y は，式(6.20)から，

$$y = \sqrt{x^2 - h^2}$$

ですから，

$$\frac{dy}{dt} = \frac{x}{\sqrt{x^2-h^2}}\frac{dx}{dt} \tag{6.24}$$

となり，ロープを巻き取る速さ dx/dt を一定とすれば，船が岸壁に近づく速さ dy/dt が x の関数として表わされました．このあたりの手法は，とっくりの酒面の上昇のときとほぼ同じです．

dx/dt が一定のとき，dy/dt がどう変化するかを図示するために，式(6.24)の右辺の分子，分母を h で割って，

$$\frac{dy}{dt} = \frac{\dfrac{x}{h}}{\sqrt{\left(\dfrac{x}{h}\right)^2 - 1}}\frac{dx}{dt} \tag{6.25}$$

とし，図 6.16 のようなグラフを描いてみました．ロープの長さ x

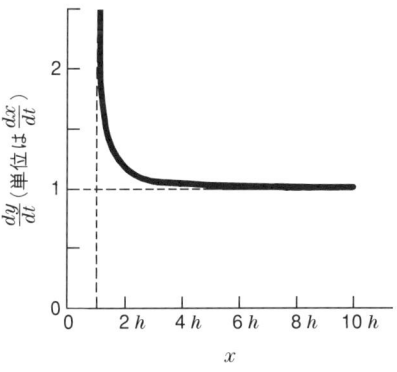

図 6.16

x が小さくなったら
$\frac{dx}{dt}$ を落とせ

が岸壁の高さ h の数倍あるうちは，船の速さ dy/dt はロープを巻き取る速さ dx/dt の1倍，つまり，ほぼ同じ速さなのですが，一定の速さでロープを巻き取っていくと，x が h の2倍ぐらいまで短くなったころから，まったく急激に船の速さが増大しはじめ，あっという間にものすごい速さになってしまい，岸壁に激突という惨事を引き起こすはめになります．ご用心，ご用心……．

　魚を釣り上げるときも，理くつは同じですから，釣糸が長いうちはぐいぐいとリールを回して糸をたぐり寄せてもよいけれど，糸が短くなって釣り上げる寸前には，リールの回転を控えて，糸をたぐる速さを落さないと，ムリがあるように思えますが，どうでしょうか．釣天狗のご意見をお伺いしたいと存じます．

t でいきなり微分する

　とっくりから酒があふれる問題と，船が岸壁に激突する問題の思

考過程を振り返ってみます．酒の問題では，まず，とっくり内の酒の量Qを，酒面の高さxの関数として，

$$Q=f(x) \tag{6.26}$$

の形で表わし，これをxで微分して，

$$\frac{dQ}{dx}=g(x) \tag{6.27}$$

を作りました．この式は，xの微小変化と，Qの微小変化の比（正確には，その極限）を表わしています．けれども，私たちが知りたいのは，xとQの微小変化の比ではなくて，xがふえる速さとQがふえる速さの比です．いいかえれば，「tとxの微小変化の比」と「tとQの微小変化の比」との比なのです．つまり，

$$\frac{\frac{dQ}{dt}}{\frac{dx}{dt}} \quad か \quad \frac{\frac{dx}{dt}}{\frac{dQ}{dt}}$$

を知りたいと欲していたのです．けれど，幸いなことに，

$$\frac{dQ}{dx}=\frac{dQ}{dt}\cdot\frac{dt}{dx} \tag{6.28}$$

が成りたつことを私たちは知っていますから，式(6.27)と式(6.28)によって，

$$\frac{dx}{dt}=\frac{1}{g(x)}\frac{dQ}{dt}$$

が求められました．そして，この関係をグラフに描いて，とっくりの口ぴったりに酒を注ぐことのむずかしさに，びっくりしたのでした．

船をロープで引き寄せる問題も，思考過程はほぼ同じです．異な

るところは，岸壁から船までの距離 y を，ロープの長さ x の陽関数の形に直すことなく，

$$x^2 - y^2 = h^2$$

という陰関数のままで，いきなり x で微分し，

$$\frac{dy}{dx} = h(x) \quad \begin{pmatrix} \text{この } h \text{ は岸壁の高さではなく,} \\ \text{関数の形を表わしている} \end{pmatrix}$$

を求めてしまった点だけです．あとは，とっくりの場合と同様に，

$$\frac{dy}{dx} = \frac{dy}{dt} \frac{dt}{dx}$$

の関係を使って，ロープの巻取速度と，船の接近速度の比を算出し，グラフに描いてみました．

けれども，このやり方には，少々疑問を感じます．問題の性質上，知りたいのは Q や x や y の速度です．すなわち，これらを t で微分した値の関係を調べることが，はじめから最後まで一貫した目的です．それなら，Q を x で微分したり，y を x で微分したりするところから問題を解きはじめるのは，まわり道ではないでしょうか．Q や x や y をいきなり t で微分したほうが，問題解決の近道であるように思えます．

たしかに，そのとおりです．遠慮することはありませんから，最初から t で微分してしまったほうが，てっとり早いし，それに，スマートです．試してみましょう．ロープで船を引き寄せる問題です．

$$x^2 - y^2 = h^2$$

この式には，どこにも，t が見あたりません．けれども，時間の経過につれて x も y も変化します．ですから，x も y も時間 t の関数であり，t を媒介変数（134 ページ）として，x と y とが結びつい

ていると考えるのがほんとうです．したがって，x も y も t で微分することが可能であるはずです．そこで，上の式を直接，t で微分してみます．169 ページの脚注を参考にして，

$$\frac{d}{dt}(x^2) = \frac{d}{dx}(x^2) \cdot \frac{dx}{dt} = 2x\frac{dx}{dt}$$

$$\frac{d}{dt}(y^2) = \frac{d}{dy}(y^2) \cdot \frac{dy}{dt} = 2y\frac{dy}{dt}$$

ですから，

$$2x\frac{dx}{dt} - 2y\frac{dy}{dt} = 0$$

すなわち，

$$\frac{dy}{dt} = \frac{x}{y}\frac{dx}{dt}$$

が求まります．dy/dx を求めるようなまわりくどい手続きをとらないで，一気に目的の式が得られたではありませんか．このあとの料理法は，前の節と同じです．

あちらも，こちらも，立てよう

平清盛が朝廷に反逆しようとしたとき，清盛の長男重盛が，「忠ならんと欲すれば孝ならず，孝ならんと欲すれば忠ならず」と慨嘆した話は有名ですが，私たちの人生には，「あちらを立てれば，こちらが立たず」がいっぱいです．収入をふやそうとすれば苦労が多いし，らくをしようと思えば収入が減るとか，ふぐは食いたし命は惜ししなど，枚挙にいとまがありません．そういうとき，私たちは，

どこかに妥協点を見いだしてがまんせざるをえないのですが，できれば，あちらもこちらも立つように，じょうずに妥協点を見いだしたいものです．で，極大極小を求める手順を利用して，じょうずな妥協点の見つけ方を研究し，人生の指針を得ようと思います．

「あちらを立てれば，こちらが立たず」のもっとも典型的なモデルは，図 6.17 のようなものです．たとえば，横軸 x を「1 回に買い求めるたばこの箱数」としてみましょう．たくさん買い求めると，あちらこちらのポケットに入れたり，カバンの中にしまったりしなければならず，保管にわずらわしい思いをします．そのわずらわしさは，1 回に買い求めるたばこの箱数 x に正比例するでしょう．それが，図には，

$$y = ax$$

の直線で示されています．a は，ポケットのある洋服を着ているか，カバンを持ち歩いているか，などの各人の条件で決まる定数です．いっぽう，1 回に買い求める量が少ないと，たびたび買いに行かねばならず，このわずらわしさは，x に反比例するはずです．その関

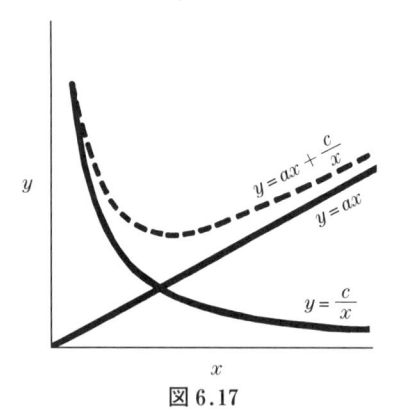

図 6.17

係が図には，

$$y=\frac{c}{x}$$

で表わされています．c は，たばこ屋が近くにあるか，1日にどれだけ吸うか，などの条件で各人ごとに決まる定数です．

図を見ていただくと，保管のわずらわしさを減らそうとすると購入のわずらわしさが増加するし，購入のわずらわしさを減らそうとすると保管のわずらわしさが増加することがわかります．あちらを立てれば，こちらが立たず，です．そこで，あちらもこちらも立つような気のきいた妥協点を見つけることにします．私たちにとっては，購入のわずらわしさと保管のわずらわしさとを合計したわずらわしさ，すなわち，

$$y=ax+\frac{c}{x}$$

がもっとも小さいことが望ましいのですから，y が極小になるような x を求めればよいはずです．それには，この式を x で微分して，それがゼロになるような x の値を求めればよいのでした．やってみましょう．

$$\frac{dy}{dx}=a-\frac{c}{x^2}=0$$

したがって，

$$x=\sqrt{\frac{c}{a}}$$

がその答です．a は保管のわずらわしさを表わす定数ですし，c は購入のわずらわしさを表わす定数でしたから，保管がわずらわしい

人は x を小さく，購入がわずらわしい人は x を大きくするべきだという常識どおりの結果になっています．

このモデルは，工場が材料を購入したり，事務所が消耗品を購入したりする場合に利用できます．材料や消耗品を購入するために必要な経費は，何回にも分けて購入するより一度にまとめたほうが安上がりですし，購入したあとの保管費や金利は，少しずつ何回にも分けて購入したほうが安上がりだからです．

「あちらを立てれば，こちらが立たず」のつぎのモデルは，図 6.18 のような場合です．私が酒好きなので，つい，お酒の話になって恐縮ですが，千円札を 1 枚だけ持って，おでん屋ののれんをくぐったと思ってください．酒をたくさん飲めば，おでんは少ししか食べられないし，おでんをふんだんに食べると，酒は少しでがまんしなければなりません．どのあたりで妥協するのがもっとも得でしょうか．

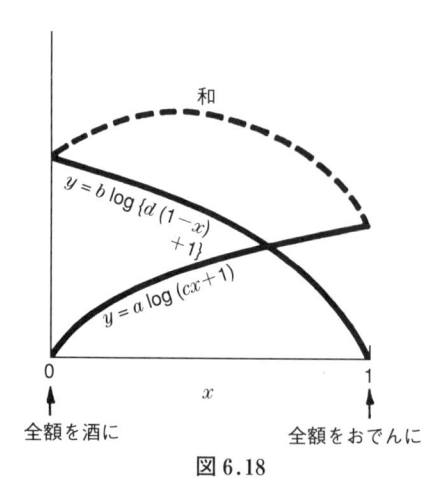

図 6.18

一般的ないい方をすると，私たちの満足の強さは，投入した費用に正比例するのではなく，費用の対数に比例する傾向があるそうです．対数の底は，ことがらによって異なるので，いちがいにはいえませんが，たとえば，2皿のおでんを食べた満足感は，1皿のおでんを食べたときの2倍よりは少ないというわけです．この関係を図6.18に描いてみました．横軸 x は，

$$x = \frac{おでんに使う金額}{総金額} = 1 - \frac{酒に使う金額}{総金額}$$

を表わしています．したがって，全額を酒に消費するときには $x=0$ であり，全額をおでんに消費するとき $x=1$，また，酒に300円，おでんに700円を使うなら $x=0.7$ となります．

さて，おでんに消費する金額の割合 x につれて，おでんを食べたことによる満足感は，

$$y = a \log(cx+1)$$

のように変化します．x がゼロのとき，y がちょうどゼロになるように，そして，x の増加につれて y が対数的に増加するように数学モデルを作ったのです．同様に，酒を飲むことによる満足感は，酒に使う金額の割合 $(1-x)$ の関数として，

$$y = b \log\{d(1-x)+1\}$$

の形で表現されます．はじめから予期したように，一定の金額でおでんと酒とを買う場合，おでんと酒とがライバル関係にあるのが，図から読みとれます．

もっとも有効な妥協のしかたは，おでんから得る満足感と，酒から得る満足感の合計，

$$y = a \log(cx+1) + b \log\{d(1-x)+1\}$$

が最高になるように金額の割りふりxを決めてやることです．それには，また，微分してゼロとおくだんどりが必要になります．この式を微分するには，右辺の第1項と第2項とをそれぞれ微分すればよく，

第1項では　$cx+1=t$

第2項では　$\{d(1-x)+1\}=t$

とおいて，

$$\frac{dy}{dx}=\frac{dy}{dt}\cdot\frac{dt}{dx}$$

の関係を利用しましょう．そうすると，

$$\frac{dy}{dx}=\frac{ac}{cx+1}-\frac{bd}{d(1-x)+1}$$

が得られます．これを，ゼロに等しいとして整理すると，

$$x=\frac{ac(1+d)-bd}{cd(a+b)}$$

となります．xをこの値にしたとき，一定の金額で最高の満足感が得られることがわかりました．

「あちらを立てれば，こちらが立たず」の第3のモデルは，図6.19のような場合です．おでんと酒に一定の予算をふり分ける場合には，いっぽうの予算がゼロであっても他方から得られる満足を一応は味わうことができます．けれども，一定の予算で釣り道具と餌とを仕入れて魚釣りに出かける場合には，かなり事情が異なります．道具がいくら上等でも餌がなければ効果はゼロですし，反対に，餌がとびきり上等でも道具がなければ，やはり効果はゼロです．こういう場合，総合的な効果を表わす数学モデルは，それぞれの効果

6. 身のまわりの微分

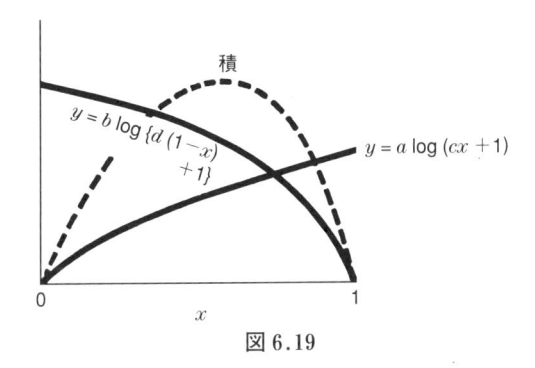

図 6.19

の和ではなく，積で示されることになります．すなわち，総合的な効果は，

$$y = ab \log(cx+1) \log\{d(1-x)+1\}$$

で表わすのが妥当です．この総合効果を最大にする x を求める手順は，もうすっかりお馴染です．この関数を x で微分するには，

$$\frac{d}{dx}\{f \cdot g\} = f'g + fg'$$

を使いましょう．

$$\frac{dy}{dx} = ab \frac{c}{cx+1} \log\{d(1-x)+1\} - ab \frac{d}{d(1-x)+1} \log(cx+1)$$

この式をゼロとおいて整理すると，

$$\frac{c\{d(1-x)+1\}}{d(cx+1)} = \frac{\log(cx+1)}{\log\{d(1-x)+1\}}$$

となります．つまり，この式が成立するような x のとき総合的な効果は最大になります．

図 6.18 か図 6.19 かで表わされる現象は，私たちの身のまわりに無数にあります．一定の金額，時間，労力などを 2 つの項目に割り

ふるような場合，ほとんど，このどちらかの数学モデルで表わされるといっても過言ではありません．企業ならば，直接工と間接工の割合，自己資金と借入れ資金の割合，学校ならば，数学と国語の時間の配分，商店なら，商品AとBとの売場面積の配分，家庭では，消費と貯蓄の割合，などなど，いくらでもあります．ただ，数学モデルに使われたaとかbとかの定数の値を決めるには，いくらかの調査と解析が必要です．ひとつ，身のまわりの現象を支配する定数を調査して，最適の生活に挑戦してみませんか．

7. 面積を求めて

面積を求めて

微分と積分の続柄を調べた第2章で,図7.1のように,

接線の傾きを求めることが 微分

面積を求めることが 積分

だと,繰り返して書いてきました.ところで,接線の傾きや,面積を求めることに,どのような価値があるのでしょうか.

接線の傾きを求めること,つまり,微分することは,変数の小さ

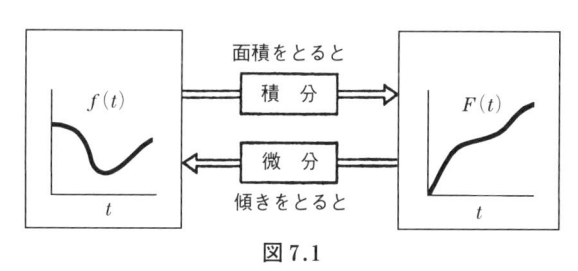

図 7.1

自然現象も
社会現象も　　→　グラフに描けば　→　幾何学の問題になる

な変化につれて、その関数がどう変わるかを調べることを意味します。そして、この手法の有用さは、極大極小を探したり、速度の変化を調べたりしたいくつかの例で実証ずみです。

　いっぽう、面積を求めることの有用さは、まだ、あまり取り扱ってはおりません。速度のグラフを描いて、その面積を計算すると、移動距離を知ることができるという程度の話でした。けれども、面積を計算する手法は、身のまわりのかずかずの現象を解明するのに、もっともっと有用です。円や楕円の面積を計算したり、さらに発展して、円柱やビア樽の体積を調べたりできるので、幾何学上の興味も満足させてくれるし、それが積分の技法を生み出すきっかけでもあったのですが、面積を求めることの効用は、そればかりではありません。私たちの生活に密着した社会学的な現象や力学的な現象のほとんどは、グラフに描くことができます。そして、グラフに描いてしまえば、この現象が「どう変化しているか」を調べる問題が、接線の傾きを調べる幾何学的な問題にすり替えられてしまうように、

7. 面積を求めて

この現象の「結果がどうなったか」を調べる問題は，グラフ上の面積を求めるという幾何学的な問題に置き換えられてしまうからです．

これらの具体的な事例については，また，後ほどゆっくりと楽しむことにして，まずは，面積を求めるという純粋な問題に焦点を絞ってみることにしましょう．

さっそく，クイズめいた話で恐縮ですが……．図 7.2 は，ある庭園の池の図形です．この池の面積を知りたいのですが，どうしたらよいでしょうか．私たちは，三角形や，長方形のように単純できちんとした形なら，その面積を計算する術を知っています．たとえば，三角形の面積は，

$$\frac{底辺 \times 高さ}{2}$$

ですし，長方形の面積は，

$$横の長さ \times 縦の長さ$$

で，簡単に計算できます．けれども，この図形のように，上下方向にも左右方向にも，ぐにゃぐにゃしている図形の面積を計算することを，学校で教えてもらった記憶はありません．そこで，ひとつ知

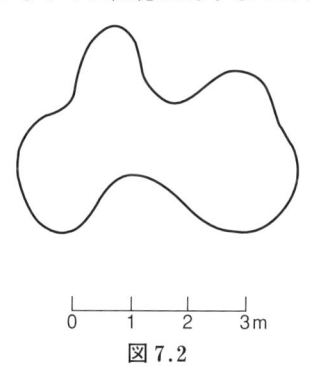

図 7.2

恵を絞ってみることにします．

この図形の面積が計算できなかった原因は，上下方向にも左右方向にもぐにゃぐにゃしており，寸法がはっきりしないことにあります．ですから，まず，せめて左右方向だけでも，きちんと長さをそろえてやることにします．そのために，図形を図 7.3 のように，きっちり 1 m の幅で縦切りにしてみましょう．池の横幅が，きっちり 1 m の倍数になっているとは限りませんから，左右の両側にはんぱな部分ができるのがふつうですが，気にする必要はありません．とにかく，1 m おきに切れ目を入れてしまいます．そして，分割された 1 つの図形——たとえば，薄ずみを塗った部分に注目してください．この部分の面積を求める一般的な方法が見つかれば，同様にして，分割された他の部分の面積も求まるはずですから，それらを加え合わせて池の面積が計算できることになります．

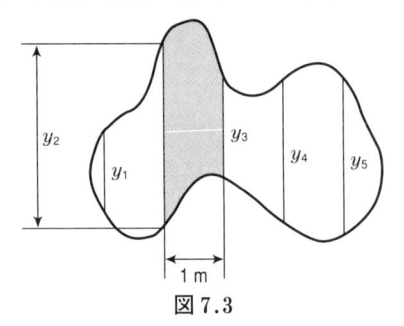

図 7.3

薄ずみを塗った部分に注目すると，上下方向にはあい変わらずでこぼこがありますが，左右の幅は，どの位置で測ってもきっちり 1 m になっています．池の図形が，上下方向にもでこぼこがあって，

　　　　長方形の面積＝横の長さ×縦の長さ

という公式が適用できなかったことに比べれば，こんどは"横の長

さ"がきちんと決まっているのですから,格段の改良です.あとは"縦の長さ"が決まりさえすれば,この部分の面積は,

　　　横の長さ×縦の長さ

で計算することができます.

　さて,薄ずみを塗ったこの図形の"縦の長さ"の決め方にはいく通りかの考え方があります.縦方向のもっとも長いところを測って"縦の長さ"とするのも1つの考え方ですが,そうすると,図形の面積は大きめにかんじょうしてしまうことになります.反対に,もっとも短いところを"縦の長さ"と決めると,図形の面積は小さめに計算されることになるでしょう.あるいは,図形の幅のちょうど中央のところで"縦の長さ"を測ることにするとか,左の縁に沿って"縦の長さ"を測るとかすれば,図形の面積を大きめに計算してしまうチャンスと小さめに計算してしまうチャンスとが適当に打ち消し合って,ぐあいがよいかもしれません.けれども,実は,図形を大きめに計算してしまうか,小さめに計算してしまうかは,これから先の理論展開にとって,あまり本質的なことがらではありません.いずれ,その理由に触れる機会があると思いますが,とりあえずは,図形の"縦の長さ"は,図形の左の縁に沿って測る,と約束してしまいましょう.

　薄ずみを塗った部分の"横の長さ"は1mでした.そして,"縦の長さ"は左縁に沿って測ったy_2と約束したのでした.y_2は,実測してみますと2.9mあります.したがって薄ずみを塗った部分の面積は,

　　　$1\,\mathrm{m} \times 2.9\,\mathrm{m} = 2.9\,\mathrm{m}^2$

になります.

同じようなやり方で，他の部分の面積も求められます．池の図形は6つの部分に分割されていますが，いちばん左の三日月型の部分は，幅1mの左の縁が図形から，飛び出してしまって存在しませんので，無視してしまいます．残りの5つの部分について"縦の長さ"を左縁に沿って測ると，

$y_1 = 1.3$ m　　　$y_4 = 2.2$ m

$y_2 = 2.9$ m　　　$y_5 = 2.5$ m

$y_3 = 1.5$ m

が得られました．したがって，左端の三日月を除いた5つの部分の面積は，それぞれ，

$1 \text{ m} \times 1.3 \text{ m} = 1.3 \text{ m}^2$

$1 \text{ m} \times 2.9 \text{ m} = 2.9 \text{ m}^2$

$1 \text{ m} \times 1.5 \text{ m} = 1.5 \text{ m}^2$

$1 \text{ m} \times 2.2 \text{ m} = 2.2 \text{ m}^2$

$1 \text{ m} \times 2.5 \text{ m} = 2.5 \text{ m}^2$

です．池の面積は，これらの合計ですから，

$1.3 \text{ m}^2 + 2.9 \text{ m}^2 + 1.5 \text{ m}^2 + 2.2 \text{ m}^2 + 2.5 \text{ m}^2 = 10.4 \text{ m}^2$

ということになります．

精度を上げるには

私たちは，池の図形を1mの幅で分割し，それぞれの部分の"縦の長さ"を左縁に沿って測った長さで表わし，各部分の面積を，

横の長さ×縦の長さ＝面積

として計算し，その結果を加え合わせて池の面積としたのでした．

7. 面積を求めて

しかし，こうして求めた面積は，池の面積とは正確には一致しません．図7.4に描いたように，池の図形は破線で囲まれたオーストラリア形であるのに，私たちが計算した面積は，薄ずみを塗った積木細工形であり，この両者は同じではないからです．図7.4を見ると，大きめに計算したところと，小さめに計算したところが適当に打ち消しあっているようにも見えますが，けれども，私たちが計算した積木細工形の面積が，池の面積を正しく示していると考えるのは冒険です．この場合のように，分割の幅が大きいと，ずいぶん大きな誤差が生じてしまうことにもなりかねません．

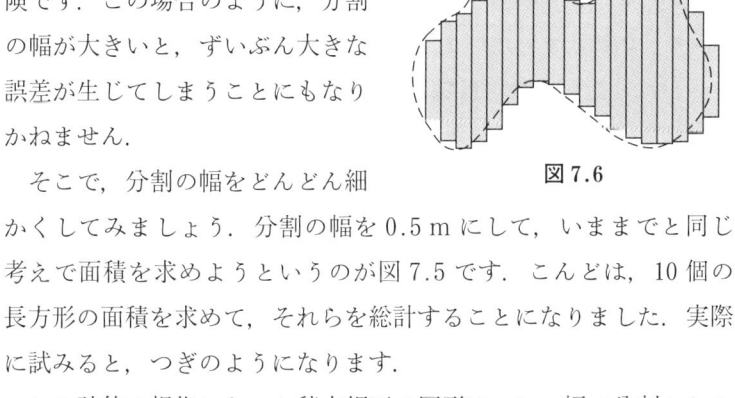

図 7.4

図 7.5

図 7.6

そこで，分割の幅をどんどん細かくしてみましょう．分割の幅を 0.5 m にして，いままでと同じ考えで面積を求めようというのが図 7.5 です．こんどは，10 個の長方形の面積を求めて，それらを総計することになりました．実際に試みると，つぎのようになります．

この計算の根拠になった積木細工の図形は，1 m 幅で分割したときの図形よりは，ずっと池の形に近くなっています．ですから，き

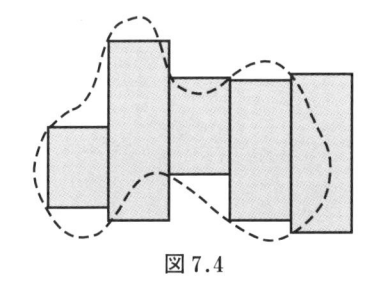

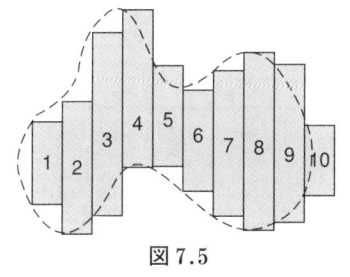

長方形の番号	横の長さ(m)	縦の長さ(m)	長方形の面積(m^2)
1	0.5	1.3	0.65
2	0.5	2.1	1.05
3	0.5	2.9	1.45
4	0.5	2.6	1.30
5	0.5	1.5	0.75
6	0.5	1.6	0.80
7	0.5	2.2	1.10
8	0.5	2.8	1.40
9	0.5	2.5	1.25
10	0.5	1.1	0.55

合計　10.30 m^2

っとこんど求めた 10.30 m^2 のほうが，さきほど求めた 10.4 m^2 よりは池の正しい面積に近いでしょう．ひょっとすると，幅の大きなあらい分割の場合でも，まぐれで非常に正しい値を示すこともあるかもしれませんが，不運な場合でも正しい値から大きく外れることはないという立場からみれば，分割の幅は細かいほど誤差が小さくなってくるに決まっています．

さらに分割を細かくして，幅を 0.25 m にしたのが前ページの図7.6 です．面積の計算に使用される積木細工の図形は，池の図形に非常に近くなってきました．その代わり，面積を求める作業の手数は残念ながら，かなり増加したようです．手数さえいとわなければ，分割はもっと細かくできるでしょう．そして分割を細かくすればするほど，長方形の面積の総和は，池の正しい面積に近づいていくはずです．分割の幅をどんどん細かくしていけば，計算された面積は真の値にいくらでも近くなっていきます．池の形がどんなにいやらしい姿をしていてもかまいません．そして，分割が極限に達したと

き，長方形の面積を加え合わせて求めた計算結果はついに池の面積を正しく表わすでしょう．

小さいほうからのアプローチ

こんどは，中学校以来，うらみも深い2次曲線です．図7.7に，

$$y=x^2$$

のグラフが描いてあります．x が，2から6までの範囲で，この2次曲線と x 軸とにはさまれた面積，つまり，図に薄ずみを塗った図形の面積は，いくらでしょうか．

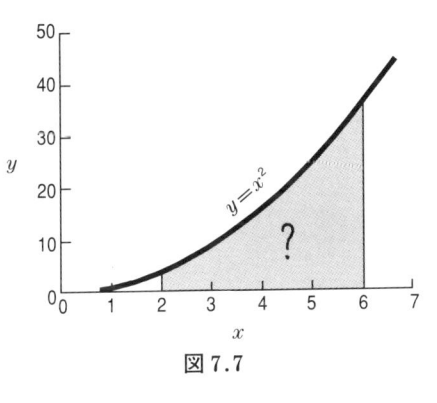

この図形の面積は「積分法」を利用すれば，いっぱつで計算できます．しかし，私たちは，まだ積分法は知らないことになっていますから，オーストラリア形の池の面積を計算したときのように，縦割に分割しながら，長方形の面積で代用することにしましょう．

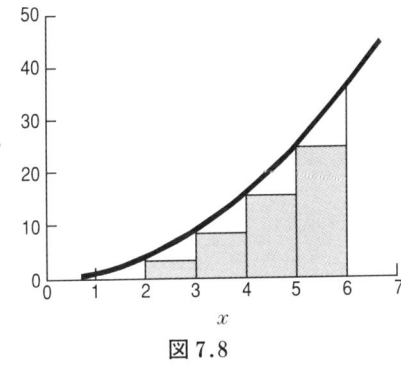

図7.7

図7.8

まず，わずかな計算で概略の面積を求めるために，分割の幅を大

きくとってみます. 図7.8は, 幅を1にした場合です. 分割された各部分の"縦の長さ"は, 池の面積を求めたときと同じく, 各部分の左の縁に沿って測りました. 曲線が一方的な右上がりなので, 面積を求めるために代用した階段状の面積は, 正しい面積よりかなり小さくなっているのが見られます. 階段状の面積はつぎのとおりです. こんどは $y=x^2$ の関係がわかっているので, 池の面積のときのように, 縦の長さを実測する必要はありません.

x の値	y の値 (x^2)	長方形の面積 （1×y）
2	4	4
3	9	9
4	16	16
5	25	25

計　54（階段状の面積）

x の値	y の値 (x^2)	長方形の面積 （0.5×y）
2	4	2
2.5	6.25	3.125
3	9	4.5
3.5	12.25	6.125
4	16	8
4.5	20.25	10.125
5	25	12.5
5.5	30.25	15.125

計　61.5（階段状の面積）

計算された階段状の面積54は, きっと, 正しい面積よりかなり小さいでしょう. なにしろ, 正しい図形をたった4個の長方形で代用してしまったので, 図7.8を見ればわかるように, 計算からもれて

しまった面積がかなり残っているからです．そこで，正しい面積にもっと近い値を求めるために，縦割の幅を小さくしてみます．図7.9は，幅を0.5にして，8個の区域に分割した場合です．正しい面積を求めるために代用する階段状の面積は，左のページの表のように計算されます．

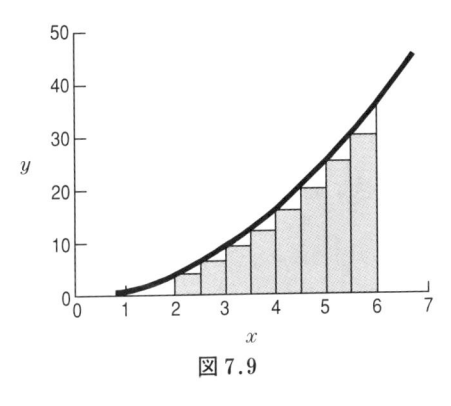

図7.9

こんどの61.5は，さきほどの54よりは，正しい値にずっと近づいているでしょう．図7.9を見ればわかるように，代用品の階段状の図形が，なめらかな2次曲線を境界線とした正しい図形に，かなり近づいているからです．けれども，階段状の面積は，正しい面積より，小さいことは明らかです．そこで，もっと正しい面積に近づけてやるために，縦割の幅を0.2にしてみました．図は省略しましたが，階段状のでこぼこがぐっと小さくなって，なめらかな2次曲線と見分けがつかないぐらいになっているでしょう．この階段状の面積を，いままでのやり方とまったく同じ方法で計算してみると，

$$66.16$$

が求まりました．

縦割の幅を，1，0.5，0.2と細かくしていくにつれて，すなわち，分割の数を，4，8，20とふやすにつれて，階段状の面積は，

$$55 \longrightarrow 61.5 \longrightarrow 66.16$$

と変化してきたのでした．66.16は，正しい値にかなり接近してい

るはずですが,正しい値が 66.16 より大きいことも確実です.正しい面積は,きっと 70 弱ぐらいではないでしょうか.

大きいほうからのアプローチ

前の節で試みた面積の求め方は,正しい図形を,その中にすっぽりと収まる階段状の図形で近似して,面積を計算したのでした.したがって,階段状の面積は,正しい面積に比べていつも不足しています.そして,階段を細かくすればするほど,この不足分は減少していき,階段状の面積は,だんだんと正しい面積に近づいていきます.けれども,分割を細かくするにつれて,計算の手数も増加し,じゅうぶんに正しい面積を求めるのは,並たいていのことではありません.

そこで,こんどは,正しい図形をすっぽりと呑み込んでしまう階段状の図形で近似してみましょう.不足気味の近似ばかりではなく,過剰気味の近似のほうも計算してみて,不足な近似と,過剰な近似の両側から,正しい値をはさみうちにしようという作戦です.

図 7.10 を見てください.図 7.8 と同様に幅 1 で分割したのですが,こんどは長方形の縦の長さを,分割区域の右縁に沿って決めたので,正しい図形をすっぽりと呑み込む大きさの階段ができました.この階段状の面積は,つぎのように計算できます.
この値は,正しい面積よりだいぶ大きすぎることは明らかなので,さきほどと同様に幅を 0.5 に縮めて,図 7.11 の階段状の面積を計算してみます.計算手順はいままでと同じですから省略しますが,77.5 という値が得られます.さらに,幅を 0.2 にしてみると,階

7. 面積を求めて

x の値	y の値 (x^2)	長方形の面積 ($1 \times y$)
3	9	9
4	16	16
5	25	25
6	36	36

計　86（階段状の面積）

段状の面積は 72.56 となります．すなわち，分割の幅を，1, 0.5, 0.2 と細かくするにつれて，いいかえれば，分割の数を，4, 8, 20 とふやすにつれて，階段状の面積は，

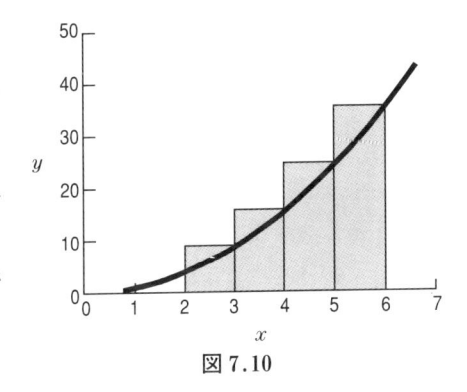

不足な近似の場合，

$$55 \longrightarrow 61.5$$
$$\longrightarrow 66.16$$

過剰な近似の場合，

$$86 \longrightarrow 77.5$$
$$\longrightarrow 72.56$$

と変化していきます．

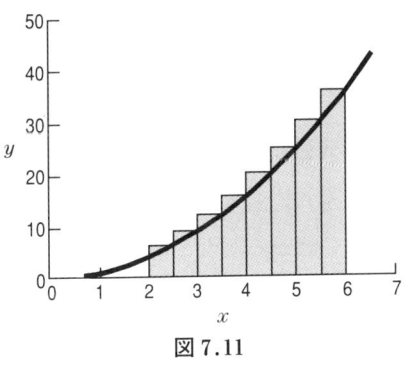

このありさまをグラフに描くと図 7.12 のようになります．分割の数をどんどんふやすと，過剰な近似は大きいほうから正しい値に近づき，不足な近似は，小さいほうから正しい値に近づいていき，無限のかなたで，

図 7.10

図 7.11

図7.12

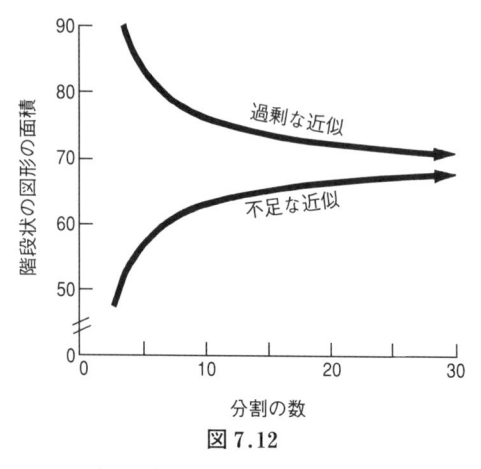

この両者は、ともに正しい値と一致することでしょう。図7.12をにらんでみてください。過剰な近似と不足な近似がだんだんと近寄って、ついに一致する値は、どうやら69ぐらいのように思われます。正しい面積の大きさを、そっと積分法を使って計算してみると、

$$69.33\cdots\cdots$$

となりますから、どうやら私たちの推測も、いい線にいっているようです。

ちょっと、ひとこと

2次曲線とx軸とに囲まれた面積を計算した過程をもう一度ふり返りながら、正しい面積の値を計算してみましょう。ほんとうをいうと、これから行なう計算は、ずいぶん、ごみごみしています。そして、積分法を学んでしまったあとには、このような計算を行なう必要はなくなってしまうのです。それなら、ここで、ごみごみした計算に悩まなくてもよさそうなものですが、つぎの2つの理由によって、あえてともに悩むことにしました。

第1の理由は、積分法を知っていさえすれば、たった数行の計算

昔の数学者にとって
曲線に囲まれた面積を求めることは
大苦行であった

で片の付く「曲線で囲まれた面積を求める問題」が，積分法を使わないと，どれほどやっかいなものであるかを紹介したいからです．まったくの話，積分法の基準をきずいたニュートン(1642〜1727年)やライプニッツ(1646〜1716年)より以前の学者たち，たとえば，アルキメデス(前287〜前212年)やフェルマー(1601〜1665年)などは，曲線で囲まれた面積を計算するのに，ひどい苦労をしていました．なにしろ，図形についての考察と，たし算と掛け算の組合せだけで曲線に囲まれた面積を計算しようというのですから，驚くべき創意工夫と長々とした運算を行なっても，ごく限られた形の図形について，面積を求めることに成功しただけでした．それが，いまでは積分学の簡単な演習問題になっているのです．

　第2の理由は，これから先，積分法の勉強が進むにつれて，曲線で囲まれた面積を計算する問題などは，積分法を使った手続きを機械的に適用して解いてしまい，そのような手続きを踏むと，なぜ面

積が求められるのかを省みる機会がほとんどなくなってしまいそうだからです．ちょうど，移項の手続きを覚えてしまうと，

$$A+B=C \qquad (\mathrm{i})$$

という式で，Bの符号だけを変えて機械的に右辺に移項し，

$$A=C-B \qquad (\mathrm{ii})$$

とやってしまいます．そして，この操作は，実は「相等しいものから相等しいものを引けば，その残りは相等しい」という基本的な共通概念(公理)にもとづいて，式(i)で示される相等しいから式(ii)が成りたつのだという意味合いを考えてみることがなくなってしまうのと似ています．口はばったいことをいうようですが，学校で教える数学でも，運算のテクニックに習熟することに重点が指向されていて，運算の意味の理解に欠けるところがありはしないでしょうか．

数学の専門家ではない私たちが数式を使う目的は，自然や社会の現象を解明することにあるのですから，数式やその運算の意味合いを，なるべく現象的に理解している必要があります．そこで，積分の運算になれてしまう前に，もう一度，面積を求める手順をふり返って，それが積分という運算にどう結びついていくかを理解しておこうというわけです．

正確なアプローチ

それでは，めんどうな計算をはじめます．2次曲線，

$$y=x^2$$

とx軸とに囲まれた図形の面積を，xが2から6までの間について

7. 面積を求めて

計算するのでした．けれども，しばらくの間，2 から 6 までの間ではなく，a から b までの間と考えることにします．2 から 6 とかの数字を使うと，運算の途中で現れる 2 倍とか 4 倍とかいう意味の数字と混ざり合って，式の意味を考えにくくなるからです．

a から b までの間を，図 7.13 のように n 等分し，2 次曲線の下にすっぽりと納まる階段状の図形の面積，つまり，不足な近似のほうから計算をすることにします．a から b までの間を n 等分したので，階段を構成する個々の長方形の幅は $(b-a)/n$ です．式を簡単にするために，これを，

$$\frac{b-a}{n}=h \tag{7.1}$$

としておきましょう．長方形の幅は，ぜんぶ h 均一です．そうすると，前のときとまったく同じ手順で階段状の面積が計算されます．階段状の面積 $S_{階段}$ を求めるには，長方形の面積をぜんぶ加え合わせればよいのですから，

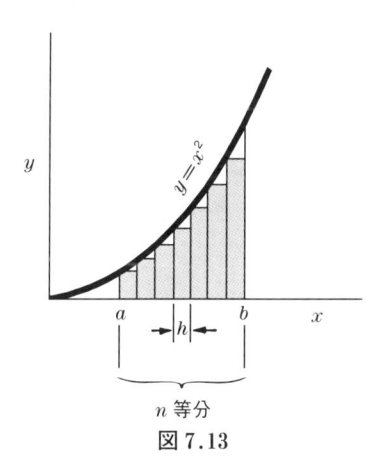

図 7.13

x の値	y の値	長方形の面積
a	a^2	ha^2
$a+h$	$\{a+h\}^2$	$h\{a+h\}^2$
$a+2h$	$\{a+2h\}^2$	$h\{a+2h\}^2$
$\vdots$	$\vdots$	
$a+(n-2)h$	$\{a+(n-2)h\}^2$	$h\{a+(n-2)h\}^2$
$a+(n-1)h$	$\{a+(n-1)h\}^2$	$h\{a+(n-1)h\}^2$

$$S_{階段}=h[a^2+\{a+h\}^2+\{a+2h\}^2+\cdots\cdots$$
$$+\{a+(n-2)h\}^2+\{a+(n-1)h\}^2] \quad (7.2)$$

となります.このままでは,目がちらついて,総計した結果がどうなるのか見当がつかないので,式を変形していきます.

$$S_{階段}=h\{a^2$$
$$+a^2+2ah+h^2$$
$$+a^2+2\cdot 2ah+2^2h^2$$
$$\cdots\cdots\cdots\cdots\cdots\cdots\cdots\cdots\cdots$$
$$+a^2+2(n-2)ah+(n-2)^2h^2$$
$$+a^2+2(n-2)ah+(n-1)^2h^2\}$$

この右辺を,縦方向に加えてみると,

$$S_{階段}=h[na^2$$
$$+2ah\{0+1+2+\cdots\cdots+(n-2)+(n-1)\}$$
$$+\;\;h^2\{0+1^2+2^2+\cdots\cdots+(n-2)^2+(n-1)^2\}]$$
$$=na^2h$$
$$+2ah^2\{0+1+2+\cdots\cdots+(n-2)+(n-1)\}$$
$$+\;\;h^3\{0+1^2+2^2+\cdots\cdots+(n-2)^2+(n-1)^2\}$$

となっています.この式の右辺には,2種類の級数が現れています.1つは,自然数を1から$(n-1)$までつぎつぎに加え合わせていく

7. 面積を求めて

級数であり，もう1つは，自然数の2乗を順次加算していく級数です．これらの級数の和は，だれにでも容易に求められるのですが，ここでは結論だけを書くことにします．

$$0+1+2+\cdots\cdots+(n-2)+(n-1)=\frac{n(n-1)}{2}$$

$$0^2+1^2+2^2+\cdots\cdots+(n-2)^2+(n-1)^2=\frac{n(n-1)(2n-1)}{6}$$

この式の求め方は，ちょっとおもしろいので，付録に書いておきましたから，あとで見ておいてください．この式を利用すると，求める面積 $S_{階段}$ は，

$$S_{階段}=na^2h+2ah^2\frac{n(n-1)}{2}+h^3\frac{n(n-1)(2n-1)}{6}$$

となります．ここで，

$$\frac{b-a}{n}=h$$

の関係を代入すると，

$$S_{階段}=na^2\frac{b-a}{n}+2a\frac{(b-a)^2}{n^2}\frac{n(n-1)}{2}+\frac{(b-a)^3}{n^3}\frac{n(n-1)(2n-1)}{6}$$

$$=a^2(b-a)+a(b-a)^2\frac{n-1}{n}+\frac{(b-a)^3}{6}\frac{(n-1)(2n-1)}{n^2}$$

$$=a^2(b-a)+a(b-a)^2\left(1-\frac{1}{n}\right)+\frac{(b-a)^3}{6}\left(1-\frac{1}{n}\right)\left(2-\frac{1}{n}\right)$$

(7.3)

が得られます．

ここまでくれば，しめたものです．私たちが求めている面積は，

$a=2$

$b=6$

ですから、あとは n の値、すなわち分割の数を決めてやれば、そのときの階段状の面積が加減乗除の演算だけで計算できるはずです。

ところで、分割の数 n をどんどん大きくするにつれて、階段状の面積は2次曲線で囲まれた面積に近づいていき、n を無限にまでふやした極限では、階段状の面積がついに2次曲線で囲まれた面積に等しくなるのでした。けれども、n を大きくするとそれに比例して長方形の数が大きくなるので、長方形の面積を1つひとつ計算して総計するやり方では、n を無限大にすることは、とてもできない相談でした。けれども、こんどは階段状の面積が式(7.3)で表わされているので、n が大きくなった極限を頭の中で考えることができそうです。式(7.3)の右辺を見てください。

$$\frac{1}{n}$$

が3箇所も現れています。n がどんどん大きくなると $1/n$ はどんどん小さくなっていきます。しかも、その傾向は n がいくら大きくなっても変わりません。$1/n$ は n の増大につれて確実にゼロに近づいていきます。したがって、n が無限大になると $1/n$ は完全にゼロになってしまうにちがいありません。すなわち、lim の記号を使って表わせば、

$$\lim_{n \to \infty} \frac{1}{n} = 0$$

です。n を無限大にしたとき $1/n$ がゼロになるのですから、n を無限大にすると、式(7.3)の右辺の第2項と第3項については、

$$\lim_{n\to\infty}\left(1-\frac{1}{n}\right)=1$$

$$\lim_{n\to\infty}\left(2-\frac{1}{n}\right)=2$$

が適用できます．n が無限大になったとき階段状の面積 $S_{階段}$ がどうなるかは，これらの関係を式(7.3)に代入すれば容易に知ることができます．すなわち,

$$\lim_{n\to\infty}S_{階段}=a^2(b-a)+a(b-a)^2+\frac{(b-a)^3}{3}$$

$$=\frac{1}{3}\{3a^2(b-a)+3a(b-a)^2+(b-a)^3\}$$

$$=\frac{1}{3}(3a^2b-3a^3+3ab^2-6a^2b+3a^3+b^3-3ab^2+3a^2b-a^3)$$

$$=\frac{1}{3}(b^3-a^3) \tag{7.4}$$

となります．

n が無限大になったときの階段状の面積は，2次曲線と x 軸に囲まれた面積 S とまったく等しいのでしたから，式(7.4)は，私たちが求めている面積を正確に表わしていることになります．つまり，

$$S_{(a,\,b)}=\lim_{n\to\infty}S_{階段}$$

というわけです．式(7.4)の a に 2 を，b に 6 を代入してみると,

$$S_{(2,\,6)}=69.333\cdots\cdots$$

であることがわかりました．

どちらからアプローチしても，極限は同じ

いまの計算は，求める面積にすっぽりと収まる階段状の図形を使って，不足気味の近似を作り，その極限として正しい面積を求めたのでした．もし，図 7.14 のように求める面積を完全に呑み込むような階段状の図形を使って，過剰気味の近似を作り，その極限を求めても，こんなうまいぐあいにいくでしょうか．

幸いなことに，不足気味の近似から計算しても，過剰気味の近似から計算しても，極限をとりさえすれば，ちゃんと同じ答が求まります．過剰気味の近似の場合には，

x の値	y の値	長方形の面積
$a+h$	$(a+h)^2$	$h(a+h)^2$
$a+2h$	$(a+2h)^2$	$h(a+2h)^2$
⋮	⋮	⋮
$a+nh$	$(a+nh)^2$	$h(a+nh)^2$

から，長方形の面積の総和を求めればよいのですから，

$$\begin{aligned}
S_{階段} &= h\{a^2+2ah+h^2 \\
&\quad +a^2+2\cdot 2ah+2^2h^2 \\
&\quad \cdots\cdots\cdots\cdots\cdots\cdots\cdots \\
&\quad +a^2+2\cdot nah+n^2h^2\} \\
&= na^2h \\
&\quad +2ah^2(1+2+\cdots\cdots+n) \\
&\quad +\ h^3(1^2+2^2+\cdots\cdots+n^2) \\
&= na^2h+2ah^2\frac{n(n+1)}{2}+h^3\frac{n(n+1)(2n+1)}{6}
\end{aligned}$$

7. 面積を求めて

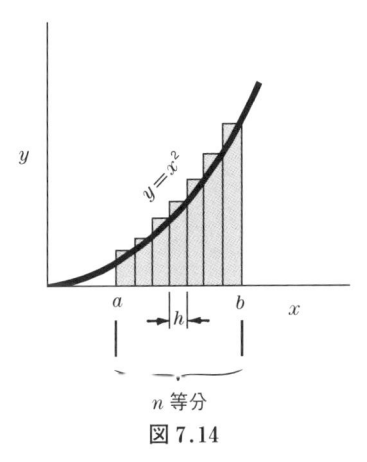

<figure>
図7.14
</figure>

となります. ここで,

$$\frac{b-a}{n}=h$$

を代入すると,

$$S_{階段}=a^2(b-a)+a(b-a)^2\left(1+\frac{1}{n}\right)+\frac{(b-a)^3}{6}\left(1+\frac{1}{n}\right)\left(2+\frac{1}{n}\right)$$

(7.5)

が得られます. ここで, n を無限大にしてみると,

$$\lim_{n\to\infty}\left(1+\frac{1}{n}\right)=1$$

$$\lim_{n\to\infty}\left(2+\frac{1}{n}\right)=2$$

ですから, 式(7.4)を導いたときと同じ手順で,

$$S_{(a,\,b)}=\lim_{n\to\infty}S_{階段}=a^2(b-a)+a(b-a)^2+\frac{(b-a)^3}{3}$$

$$= \frac{1}{3}(b^3 - a^3) \qquad (7.6)$$

となり,不足近似から得た式(7.4)とまったく同じ結論に到達しました.

ここで,202ページの式(7.3)と205ページの式(7.5)とを見比べてください.この両式で異なるところは,右辺の3箇所に現れる $1/n$ の符号がプラスであるかマイナスであるかの差だけです.つまり,不足近似の式(7.3)では,その符号がマイナスになっているので,その分だけ不足気味の誤差が生じているし,過剰近似の式(7.5)では,符号がプラスなので過剰気味の誤差が生じていることがわかります.そして,n が大きくなるにつれて,どちらの近似の場合でも,誤差は減少し,n が無限大になると,ついに誤差はゼロになって真の面積を示すことになります.

187ページのあたりで,ぐにゃぐにゃの図形を積木細工で近似するとき,大きめに近似してしまうか小さめに近似してしまうかは,これから先の理論展開にあまり本質的なことがらではない,と書きましたが,不足近似も過剰近似も,極限をとってしまえば同じ答になってしまうので,どちらでもよいわけです.

ミミズの由来

2次曲線と x 軸とに囲まれた面積を,いっしょうけんめいに計算してきました.けれども,求める面積を階段状の面積で近似し,分割の数 n をどんどん大きくしたときの極限の値で真の面積を求めるやり方は,2次曲線ばかりでなく,連続した曲線なら,すべての場

7. 面積を求めて

合に応用できそうです．そこで，非常に一般的な考え方をしてみます．図 7.15 のように，ぐにゃぐにゃしてはいるけれど，連続したなめらかな曲線があるとしましょう．この曲線上のすべての点は，y と x の特定な関係を満足しています．つまり，y は x の関数です．この関数を，

$$y = f(x)$$

と書くことにしましょう．

$y = f(x)$ の曲線と，x 軸とに囲まれた面積 S を，x が a から b までの範囲で計算するとしたら，どうなるでしょうか．まず，a から b までの範囲を n 個の区間に等分します．そして，1 つの区間の幅を，さきほどは，

$$\frac{b-a}{n} = h$$

と書いたのですが，こんどは，

$$\frac{b-a}{n} = \Delta x$$

と書くことにします．正確な面積を求めるためには，n をどんどん

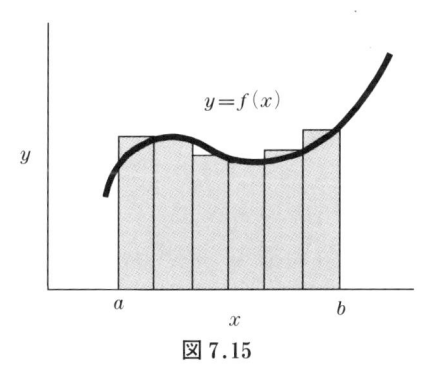

図 7.15

大きくしていくのですが,それにつれてΔxの値はどんどん小さくなっていきますから「x軸方向の小さな幅」という心づもりでΔxと書くことにしたのです.

つぎに,$f(x)$の曲線を近似する階段を考えます.$y=x^2$のときには,曲線が一方的に上昇していたので,いかにも階段らしい図形になりましたが,こんどは,上がったり下がったりのヘンな階段になります.1つひとつの長方形の縦の長さは,図形の右の縁に沿って測ることにしましょう.どっちみち,nを無限大にする極限をとるつもりなので,すでに書いたように,縦の長さをどこで測るかは,どうでもよい問題なのですから…….

階段状の図形は,n個の長方形で作られていますが,これらの長方形の縦の長さは左から,

$$f(a+\Delta x),\ f(a+2\Delta x),\cdots,\ f(a+i\Delta x),\cdots,\ f(a+n\Delta x)$$

となります.ごみごみしているので,これを,

$$f(a+\Delta x)=y_1$$
$$f(a+2\Delta x)=y_2$$
$$\vdots$$
$$f(a+i\Delta x)=y_i$$
$$\vdots$$
$$f(a+n\Delta x)=y_n$$

と書いてしまいましょう.そうすると,階段の面積は,

$$S_{階段}=y_1\Delta x+y_2\Delta x+\cdots+y_i\Delta x+\cdots+y_n\Delta x$$
$$=(y_1+y_2+\cdots+y_i+\cdots+y_n)\Delta x \qquad (7.7)$$

で表わされます.式(7.7)の中には,n個の項があるのですが,いちいち,こういう書き方をするのはめんどうなので,

7. 面積を求めて

$$y_1+y_2+\cdots+y_i+\cdots+y_n \quad を \quad \sum_{i=1}^{n} y_i$$

と書くことにします．ΣはSに相当するギリシア文字で，たし算 (summation)を意味する記号です．Σの上と下にある細かい文字は，y_iのiを，1からnまでつぎつぎに変化させながらたし算をせよ，いいかえれば，y_1からy_nまでを加え合わせよ，ということを指示しています．この指示がわかりきっている場合には，これを省略して，

$$\sum y_i$$

とだけ書くこともあります．

この記号を使うと，階段状の面積を表わす式(7.7)は，

$$S_{階段}=\sum_{i=1}^{n} y_i \cdot \varDelta x \tag{7.8}$$

となって，すっきりとした形になります．

ここまでは，小学校以来なじみの深い，たし算と掛け算だけで話が進んできました．Σの記号が，いやらしい感じですが，要するにたし算をまとめて書いただけのことですから，とくに目新しい考え方が導入されたわけではありません．

さて，2次曲線の面積を求めた手順を思い出してください．正しい面積を近似した階段の幅をどんどん小さく，つまり，階段の個数nをどんどん大きくしていくと，その極限の値が，ついには正しい面積と一致するのでした．203ページに書いたように，

$$S=\lim_{n\to\infty} S_{階段}$$

でありました．これまでの理論展開をふり返ってみればわかるよう

に，この関係は，2次曲線のときばかりではなく，連続した曲線なら，いつでも成立するはずですから，私たちがさがし求めてきた「ぐにゃぐにゃした曲線に囲まれた面積S」は式(7.8)によって，

$$S = \lim_{n \to \infty} S_{階段} = \lim_{n \to \infty} \sum_{i=1}^{n} y_i \cdot \mathit{\Delta} x \tag{7.9}$$

となります．2章でちょっと触れたように，この関係を，

$$S = \int_a^b y\,dx \tag{7.10}$$

と書き，xがaからbまでの範囲で，yをxで積分した値がSであることを表現します(図7.16)．

式(7.9)と式(7.10)の右辺を見比べてください．

$$\lim_{n \to \infty} \sum_{i=1}^{n} \quad y_i \quad \mathit{\Delta} x \quad (たし算の表現)$$
$$\downarrow \qquad \downarrow \quad \downarrow$$
$$\int_a^b \quad y \quad dx \quad (積分の表現)$$

となっています．まず，$\sum_{i=1}^{n}$はたし算の記号であり，n個の項をすべて加え合わせることを指示しています．そして，iは1からnまで変化するので，207ページの図7.15を思い出していただくと，xがaからbまでの範囲にあるn個のyの値を加え合わせることになります．ところがΣの前に$\lim$が付いていますから，このたし算の回数を限りなくふやしていった極限の姿を考えなければなりません．その姿が$\int_a^b$で表わされる積分です．つまり，積分は，たし算の極限の姿であると考えることができるでしょう．高校生にミミズと呼ばれて蛇蝎(へびとさそり)のように忌み嫌われている$\int$も，実は，たし算の兄貴分のようなものにすぎません．

7. 面積を求めて

$$\int_a^b y dx$$

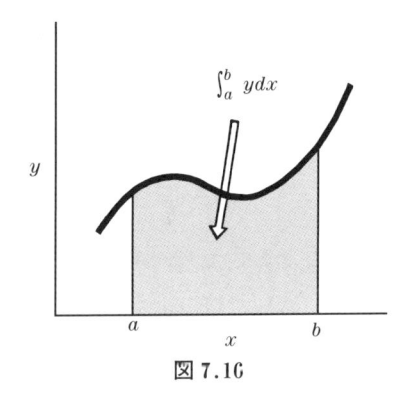

図 7.16

$\sum$ がたし算(summation)のSに相当するギリシア文字であることはすでに書きましたが，$\int$ は，そのSを長く引き伸ばした記号であり，ライプニッツがこの記号をはじめて使ったといわれています．そして，a から b まで積分する場合，a を**下端**，b を**上端**と呼ぶのがふつうです．

つぎに，2番めの項を見てみます．たし算の表現では，y がとびとびの n 個の値をとるので，その代表として y_i という記号が使われています．いっぽう，積分の表現では，もはや，とびとびではなくなって連続的に変化する y の値が必要なので，ただ y と書かれています．

3番めの項を見てください．たし算の表現では，非常に小さい幅で x 軸をこま切れにしたので，Δx と書いたのでした．その Δx がさらに小さくなった極限の姿を，微分のときと同じように，dx と書くことにします．そうすると，積分の表現では Δx ではなく，dx となります．dx も，Δx と同じように，2文字で1つの記号であり，d と x の掛け算を表わしているわけではありません．

いままで使ってきた y は，x の関数でした．つまり，

$$y=f(x)$$

と書くことができます．この書き方を使うと，式(7.10)は，

$$S=\int_a^b f(x)dx \tag{7.11}$$

となります．式(7.10)のままでは，y が x の関数であることが不明瞭なので，一般的には，式(7.11)のように書いて，$f(x)$ を x で a から b まで積分すると S になることを表わすのが，ふつうです．

私たちは，前に，

$$y=x^2 \quad \text{すなわち} \quad f(x)=x^2$$

の場合について，苦労しながら正しい面積の値を計算しました．203ページの式(7.4)で求めたように，

$$S_{(a,b)}=\frac{1}{3}(b^3-a^3)$$

でした．S は，積分を使って表わせば，

$$S_{(a,b)}=\int_a^b x^2 dx$$

ですから，

$$\int_a^b x^2 dx=\frac{1}{3}(b^3-a^3) \tag{7.12}$$

と書き直すことができます．この式は，x^2 を a から b の区間について積分した値を示す本格的な表現です(図7.17)．私たちは，とうとう積分の扉を開いて，積分の世界へと第一歩を踏み出しました．

7. 面積を求めて   *213*

$\int_a^b x^2 dx$
$= \dfrac{1}{3}(b^3 - a^3)$

$y = x^2$

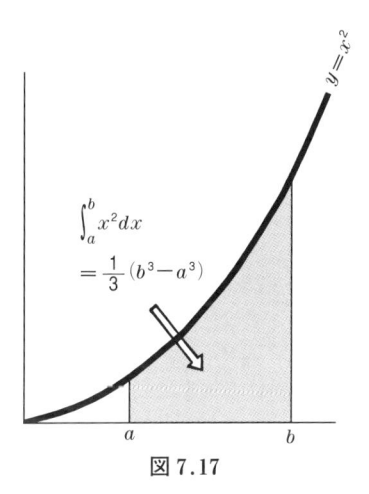

図 7.17

8. 積分の定石

微分を手掛りにする

前の章で，私たちは，積分の世界へ第一歩を踏み出しました．$y=x^2$ の曲線と x 軸との間にはさまれた面積を，x が a から b までの区間について集計すると，

$$\int_a^b x^2 dx = \frac{1}{3}(b^3 - a^3) \tag{8.1}$$

で表わされることを，突き止めたのです．けれども，たったこれだけの関係を突き止めるのに，a から b の間を n 等分して n 個の長方形を作り，それらの面積の総和を求め，あげくの果てに，$n \to \infty$ の極限を吟味するなど，数ページにわたって悪戦苦闘をしたのでした．

$y = x^2$ という関数は，身のまわりの現象を解明するために使われるたくさんの関数の中では，どちらかといえば，非常に簡単なほうに属します．この簡単な関数を積分するのに，これほどの大騒ぎを

微分したものを積分するともとに戻る

しなければならないようでは、もう少し高級な関数を積分する困難さは、おして知るべしです。事実、積分する区間をn等分し、n個の長方形を作り……という手順で積分できる関数は、ごく限られたものにすぎません。大部分の関数はこういうオーソドックスなやり方では積分できないのです。積分の世界へ第一歩を踏み出してはみたものの、お先まっくらな感じです。

けれども落胆する必要はありません。だいぶ古い話ですが、第2章「微分と積分の間」のところを思い出していただくと、暗雲が晴れて見通しが明るくなるはずです。ある関数を微分してできた関数を積分すると、もとの関数に戻ることを、ちゃんと証明してあるからです(38ページ)。つまり、ある関数$f(x)$——第2章では、$f(t)$となっています——を積分すると$F(x)$という関数になるならば、$F(x)$を微分すると$f(x)$に戻ることが立証ずみなのです。したがって、ある関数$f(x)$を積分するには、直後に$f(x)$を積分するこ

とができなくても，微分したとき $f(x)$ になるような関数 $F(x)$ を見つければよいことになります．直接に積分できる関数は限られていますが，ほとんど全部の関数が微分することはできますから，微分の公式集から，その逆運算としての積分を見つけることができるだろうという寸法です．

それには，積分について，もう少しだけ準備が必要です．これからの議論は，微分と積分が可能でさえあれば，どのような関数にでも適用できる一般論なのですが，例として，使いなれた，

$$f(x)=x^2$$

を使うことにしましょう．

式(8.1)をもう一度見てください．この式は，x^2 の曲線と x 軸とに囲まれた面積を x が a から b までの区間について計算した式でした．ところで，もし，a がゼロだったら，こ

図中の式：
$\int_a^b x^2 dx = \frac{1}{3}(b^3 - a^3)$

$\int_a^b x^2 dx = \frac{1}{3}b^3$

$\int_0^x x^2 dx = \frac{1}{3}x^3$

面積をとると

$\frac{1}{3}x^3$　ある x

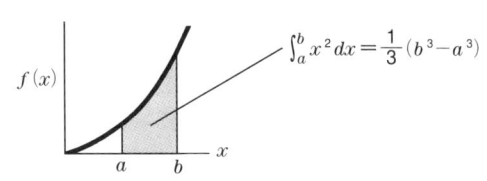

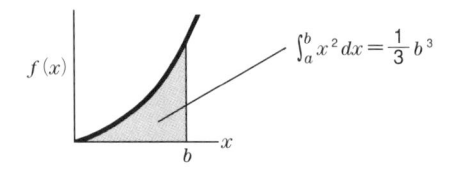

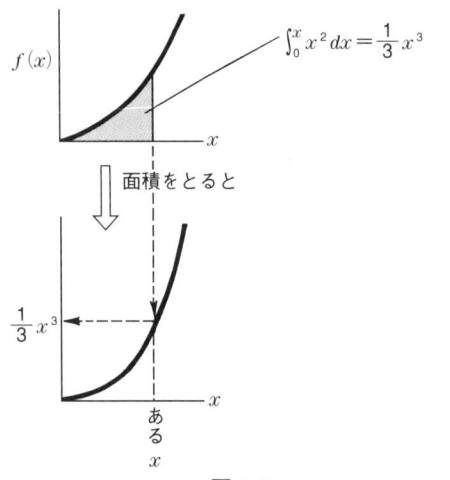

図 8.1

の式は,

$$\int_0^b x^2 dx = \frac{1}{3} b^3$$

となります.つまり,図 8.1 のように,x^2 の曲線と x 軸とにはさまれた図形の面積を x がゼロから b までの間で計算すると $b^3/3$ になることを表わしています.ところが,この b という値は,x 軸上のある特異な値ではありません.x 軸上のどのような値であってもさしつかえないのです.したがって,b という特定な値を使わず一般的な x という値を代入すれば,

$$\int_0^x x^2 dx = \frac{1}{3} x^3 \tag{8.2}$$

と書くことができます.その幾何学的な意味は,図 8.1 のとおりです.x^2 という関数を,あ・る・x・の・ところまで積分すると,その値は $x^3/3$ になることがわかりました.

この関係がわかってみると,逆に,式(8.1)の意味がもっとよく理解できます.図 8.2 を見ながらストーリーを追ってみてください.上の図形の面積は,x^2 を $0 \to b$ の間

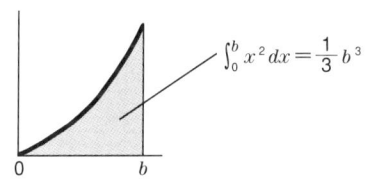

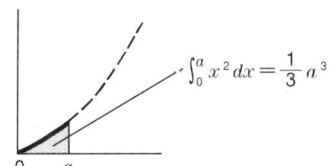

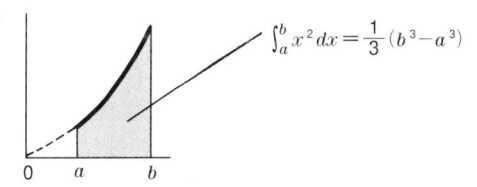

図 8.2

で積分した値を示しています．つまり，

$$\int_0^b x^2 dx = \frac{1}{3} b^3$$

です．中央の図形の面積は x^2 を $0 \to a$ の間で積分した値ですから，

$$\int_0^a x^2 dx = \frac{1}{3} a^3$$

を表わしています．そして，下の図形は，上の図形から中央の図形を差し引いたものですから，面積は当然のことながら，

$$\frac{1}{3} b^3 - \frac{1}{3} a^3 = \frac{1}{3}(b^3 - a^3)$$

であるはずであり，そういう意味で，

$$\int_a^b x^2 dx = \frac{1}{3}(b^3 - a^3)$$

が成立しているといういきさつです．

原始関数を求めて

さらに，話を進めます．

$$\int_0^x x^2 dx = \frac{1}{3} x^3$$

の式では，積分の上端に b という特定の値を使わず，x という一般的な値を使用したのでした．ところが，下端のゼロは，きわめて特定な値です．下端がいつもゼロの場合だけに限って話を進めるのでは，きゅうくつでなりません．そこで，必要に応じてどのような値でも代入できるように，a という文字を使うことにしましょう．そ

うすると

$$\int_a^x x^2 dx = \frac{1}{3}x^3 - \frac{1}{3}a^3 \tag{8.3}$$

という形になります.

ここで，この右辺を x で微分してみてください.

$$\frac{d}{dx}\left(\frac{1}{3}x^3 - \frac{1}{3}a^3\right) = x^2 \tag{8.4}$$

となって，積分する前の x^2 に逆戻りしてしまいました．すなわち

$$x^2 \xrightleftharpoons[x で微分]{a \to x の間で積分} \frac{1}{3}x^3 - \frac{1}{3}a^3$$

の関係が成立しています．どうやら，2章での「$f(x)$ を積分すると $F(x)$ になるならば，$F(x)$ を微分すると $f(x)$ に戻る」という話に近づいてきました．けれども，ここで注意しなければならないことがあります．式(8.3)の右辺を x で微分すると x^2 になったのですが，それは，第2項の $-a^3/3$ が定数であるために微分するとゼロになってしまったからです．ですから，第2項は $-a^3/3$ でなくても，定数でありさえすれば，いつでも同じ結果になってしまいます．すなわち，

$$\frac{1}{3}x^3 + 定数$$

は，微分をすればいつでも x^2 になります．したがって，a をある任意の定数と考えれば，

$$\int_a^x x^2 dx = \frac{1}{3}x^3 + C \text{（この場合には } C = -\frac{a^3}{3} \text{になっている）}$$

を微分すると，いつでも x^2 に戻ってしまいます．2章では，

$$F(t) = \int_0^t f(t)dt$$

であれば，$F(t)$ を微分すると $f(t)$ に戻ることを証明したのでしたが，いままでの考察によって，積分の下端がゼロでない任意の定数の場合でも，

$$F(x) = \int_a^x f(x)dx \tag{8.5}$$

$$\begin{pmatrix} f(x) = x^2 \text{ の場合なら} \\ F(x) = \dfrac{1}{3}x^3 + C \end{pmatrix}$$

を x で微分すれば，$f(x)$ に戻ることがわかりました．

式(8.5)の関係を，ふつうは，積分の上端と下端を省略して，

$$\int f(x)dx = F(x) \tag{8.6}$$

と書き表わし，「$f(x)$ を積分すると $F(x)$ になる」といういい方をします．$f(x)$ が x^2 の場合には，

$$\int_a^x x^2 dx = \frac{1}{3}x^3 + C \quad (\text{定数})$$

ですから，

x^2 を積分すると，$\dfrac{1}{3}x^3 + C$ になる

($f(x)$ を積分すると，$F(x)$ になる)

といい，式(8.6)のスタイルに合わせて，

$$\int x^2 dx = \frac{1}{3}x^3 + C \quad (\text{この } C \text{ を \textbf{積分定数} という}) \tag{8.7}$$

と書くことになります．

なお，$F(x)$ は，$f(x)$ の**原始関数**と呼ばれます．つまり，原始関数とは，それを微分したとき，もとの関数に戻るような関数です．たとえば，

x^2 の原始関数は $\dfrac{1}{3}x^3+C$ である

ということです．

不定積分と定積分

ある関数の原始関数が見つかれば，もとの関数をある区間にわたって積分した値を計算することは，造作もありません．それは，つぎの理由によります．

$$F(x) = \int_a^x f(x)dx$$

は，積分の上端を一般的な x としたので，a から x までの区間の面積（積分した値）が x の関数となったのでした．したがって，積分の上端にある特定の値を代入すれば，積分した値も自動的に決定されます．たとえば，

$$F(b) = \int_a^b f(x)dx$$

というようなしだいです．この点に留意しながら図8.3を見てください．

$$\int_c^d f(x)dx$$

を計算しようとしているところです．上の図は，

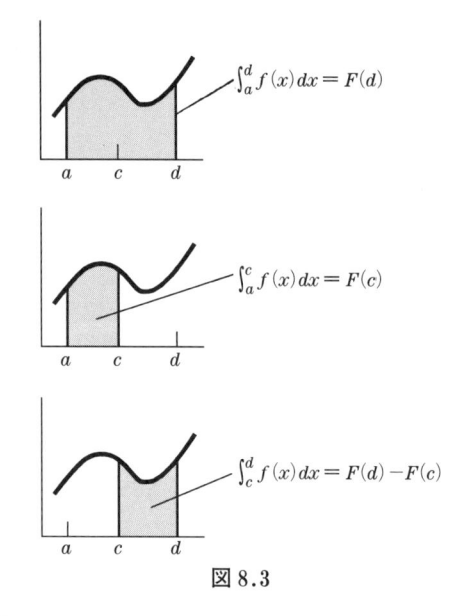

図 8.3

$$\int_a^d f(x)dx = F(d)$$

を表わし，中の図,

$$\int_a^c f(x)dx = F(c)$$

を表わしています．求める面積は，上の図から中の図を差し引いたものですから，

$$\int_c^d f(x)dx = \int_a^d f(x)dx - \int_a^c f(x)dx$$
$$= F(d) - F(c) \qquad (8.8)$$

となります．すなわち，$f(x)$ を c から d の範囲で積分した値は，$f(x)$ の原始関数である $F(x)$ を見つけ，それに d を代入した値か

ら，c を代入した値を差し引けば，求めることができるという筋書きです．

私たちは，

$$\int_a^b x^2 dx = \frac{1}{3}(b^3 - a^3)$$

の関係を求めるのに，前の章で数ページを費やして奮闘したのですが，いまの戦法を使えば，いとも簡単です．まず，x^2 の原始関数を求めます．微分の公式によって，

$$x^3 \xrightarrow{微分} 3x^2$$

ですから，

$$\frac{1}{3}x^3 \xrightarrow{微分} x^2$$

にちがいありません．定数は微分すればゼロになってしまいますから，

$$\frac{1}{3}x^3 + C(定数) \xrightarrow{微分} x^2$$

も成りたつでしょう．したがって，$\frac{1}{3}x^3 + C$ が x^2 の原始関数です．ですから，

$$\int_a^b x^2 dx = \left[\frac{1}{3}x^3 + C\right]_{x に b を代入} - \left[\frac{1}{3}x^3 + C\right]_{x に a を代入}$$

$$= \left\{\frac{1}{3}b^3 + C\right\} - \left\{\frac{1}{3}a^3 + C\right\}$$

$$= \frac{1}{3}(b^3 - a^3)$$

という調子です．

なお,

$$\int f(x)dx = F(x)$$

のように, $f(x)$ の原始関数を見つけることを**不定積分**といい,

$$\int_c^d f(x)dx = F(d) - F(c)$$

のように, ある区間を指定して積分した値を計算することを**定積分**と名づけています. たとえば,

$$\int x^2 dx = \frac{1}{3}x^3 + C \quad \text{は} \quad 不定積分$$

$$\int_a^b x^2 dx = \frac{1}{3}(b^3 - a^3) \quad \text{は} \quad 定積分$$

です.

こういういきさつですから, 定積分の答は1つの値となるのに対して, 不定積分の値は無数にあります. なにしろ, 任意の定数 C が含まれており, その定数はどのような値でもかまわないのですから, 答としては無数にあることになります. けれども, 答が無数にあるからといって, 不定積分の意味があいまいだというわけではありません. 図8.4を見ていただけばわかるように, 不定積分の定数は, $f(x)$ の積分をどの位置から開始するかによって定まる値であり, 積分の開始点を変化させると, $F(x)$ は縦軸方向に平行移動するにすぎないからです.

早い話が,

$$\int_a^x x^2 dx = \frac{1}{3}x^3 - \frac{1}{3}a^3 = F(x)$$

図 8.4

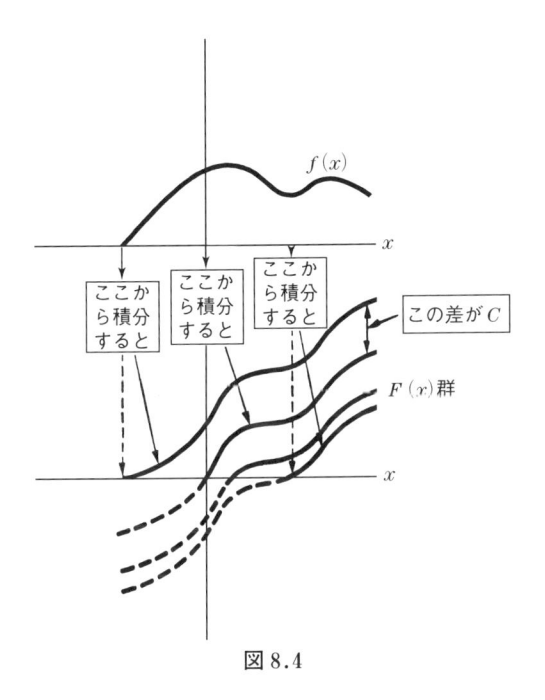

ですから，積分を開始する位置 a が決まりさえすれば，$F(x)$ の形が一義的に決まってしまうことになります．

微分公式で積分する

ある区間について積分した値を計算するには，区間を n 等分し，長方形の面積を総計し，$n \to \infty$ の極限を吟味し……という手順を踏まなくても，微分の公式集を逆方向からにらんで原始関数を見つければ，容易に積分した値が求められることを知りました．いくつかの例題を試みてみましょう．

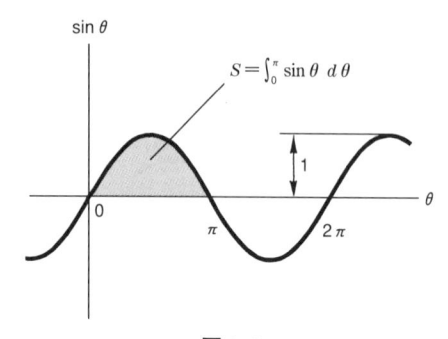

図 8.5

sin 曲線は，図 8.5 のように，角度 θ が変化するにつれて，プラスになったりマイナスになったりしながら，美しいカーブを描きます．1つの山の面積 —— 図で薄ずみを塗った部分の面積 —— を求めてみましょう．積分記号を使って表わすと，この面積 S は，

$$S = \int_0^\pi \sin\theta \, d\theta$$

となります．$\sin\theta$ の描線と θ 軸とにはさまれた面積を θ が $0 \to \pi$ の範囲で計算してください，とこの記号は要求しています．$0 \to \pi$ の間を n 等分して n 個の長方形で近似し，その面積を総計し，$n \to \infty$ の極限を計算すれば，この答が得られるはずですが，その作業には，きっと，素手で長いトンネルを掘るような苦行が待ち受けているでしょう．そこで，習い覚えた新戦法を使うことにします．

まず，$\sin\theta$ の原始関数を見つけます．つまり，何を微分したら $\sin\theta$ になるかを探すのです．微分の公式（付録 286 ページ）を見てください．

$$\cos\theta \xrightarrow{\text{微分}} -\sin\theta$$

8. 積分の定石

が見つかるはずです．そうすると，もちろん，

$$-\cos\theta \xrightarrow{微分} \sin\theta$$

ですから，$\sin\theta$ の原始関数は，

$$-\cos\theta + C(定数)$$

です．したがって，求める面積は，

$$S = \Big[-\cos\theta + C\Big]_{\theta に \pi を代入} - \Big[-\cos\theta + C\Big]_{\theta に 0 を代入} \quad (8.9)$$

$$= -\cos\pi + C + \cos 0 - C$$

$$= -\cos\pi + \cos 0 = 2$$

となります．つまり，

$$\int_0^\pi \sin\theta\, d\theta = 2$$

です(図 8.6)．この戦法を使えば，積分の計算など，素手でとうふをほじるようなものです．

ところで，式(8.9)をご覧ください．原始関数に含まれている C(定数)は，

$$[原始関数]_{積分の上端を代入} - [原始関数]_{積分の下端を代入} \quad (*)$$

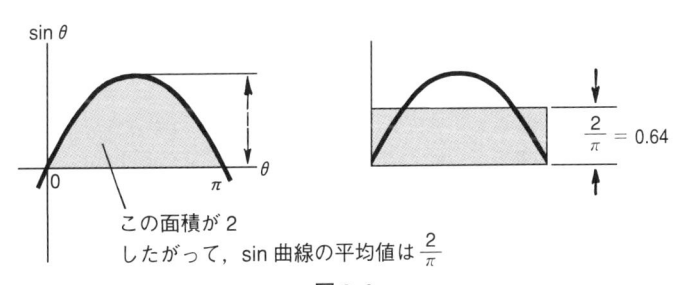

この面積が 2
したがって，sin 曲線の平均値は $\dfrac{2}{\pi}$

$$\dfrac{2}{\pi} = 0.64$$

図 8.6

の段階で消えてしまいます．そのくらいなら，はじめから省略しておいてもよさそうなものです．それで，これから，定積分の運算では，原始関数に含まれる定数は省略してしまうことにしましょう．また，(*)の書き方は，原始関数を2回も書くことになってわずらわしいので，1つにとりまとめて，

$$\left[原始関数\right]_{積分の下端}^{積分の上端}$$

と書くことにします．そうすると，sin 曲線の曲線を求めた運算は，

$$S = \int_0^\pi \sin\theta\, d\theta = \Big[-\cos\theta\Big]_0^\pi$$
$$= -\cos\pi + \cos 0 = 2$$

ということになります．すっきりして，ビューティフルではありませんか．

この戦法で，さらにいくつかの定積分を求めてみます．微分の公式集をいちいち見ていただくのも申し訳ないので，その抜粋を表にしておきました．

与えられた関数	微分する →	導関数
x^n		nx^{n-1}
e^x		e^x
$\log x$		$\dfrac{1}{x}$
$\sin x$		$\cos x$
$\cos x$		$-\sin x$
$\tan x$		$\sec^2 x$

$$\int_1^2 x^3\, dx = \left[\frac{1}{4}x^4\right]_1^2$$

$$= \frac{16}{4} - \frac{1}{4} = \frac{15}{4}$$

$$\int_a^b \frac{1}{x} dx = \Big[\log x\Big]_a^b$$

$$= \log b - \log a = \log \frac{b}{a}$$

$$\int_0^{\frac{\pi}{4}} \sec^2\theta \, d\theta = \Big[\tan \theta\Big]_0^{\frac{\pi}{4}} = 1$$

原始関数を見つけるには，微分の公式集を反対側から見ればよいのですから，微分の公式集さえあれば，積分の公式集は不要のように思えます．けれども，

$$x^4 \xrightarrow{微分} 4x^3$$

の関係をにらんで，

$$\frac{1}{4}x^4 \xrightarrow{微分} x^3 \quad だから$$

$$x^3 \xrightarrow{不定積分} \frac{1}{4}x^4$$

と読みとるより，はじめから，

$$x^3 \xrightarrow{不定積分} \frac{1}{4}x^4$$

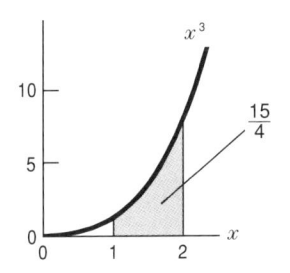

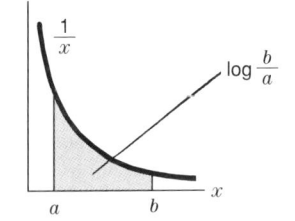

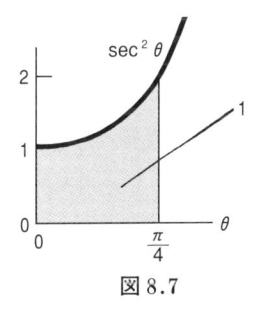

（原始関数のCは省略）

の形に書いてあるほうが，親切というものです．ですから，小さな

図 8.7

和と差は，そのまま積分する

　積分計算は，微分公式を反対側から眺めて，原始関数を見つけ，いいかえれば，不定積分し，それに積分の上端と下端の値を代入して差引きかんじょうをすればよいのですから，何の技巧もいらないように思われます．それなら，ミミズ記号が蛇蝎のように嫌われるのはなぜでしょうか．1つには，積分の現象的な意味がつかみにくいせいもありますが，積分計算がなかなかめんどうなせいもあります．たとえば，

$$\int_a^b x^2 \cos x \, dx$$

という積分があるとします．$x^2 \cos x$ は，それほど複雑な関数ではありません．ところが，微分の公式集を開き，目を皿のようにして探しても，微分すると $x^2 \cos x$ になりそうな関数が見当たらないのです．微分の公式集には，独立した単一の関数を微分する場合だけが掲載されているからです．それらの組合せで無数に作り出せるチャンポン関数の微分を，片っ端から掲載したのでは，公式集だけで百科事典のような厚さになってしまうでしょう．現に，微分して $x^2 \cos x$ になる関数，すなわち，$x^2 \cos x$ の原始関数は，

$$x^2 \sin x + 2x \cos x - 2 \sin x + C$$

なのですが，この関数を公式集に載せるなら，

$$x^3 \sin x + 2x \cos x + 3 \sin x + C$$

$$x\sin x + x^2\cos x + 2\sin x + C$$

…………など，など…………

を片っ端から掲載するのが公平というものですが，とても，そのようなわけにはいきません．そこで，チャンポン関数を微分するための定石を学んだように，微分の公式集には見当たらない関数を積分する場合の定石を調べていこうと思います．

なお，不定積分ができれば，いいかえれば，原始関数を見つけることができれば，定積分の計算をするのは簡単ですから，積分の定石を調べる段階では，不定積分を求めることだけを対象にしましょう．

もっとも初歩的なチャンポン関数は，関数の和や差ですから，その積分法から調べてみることにします．たとえば，

$$\int (2x^3 + \sin x)dx$$

というような形です．微分したら $2x^3 + \sin x$ になるような関数を，微分の公式集から探してもムダですが，しかし，これは簡単です．式(5.4)と式(5.5)とで，

$$\frac{d}{dx}\{f(x) \pm g(x)\} = f'(x) \pm g'(x)$$

であることを知っているからです．関数の和や差を微分すると，それぞれの関数を微分したものの和や差になるというのですから，関数の和や差の原始関数は，それぞれの関数の原始関数の和や差であるにちがいありません．すなわち，関数の和や差を積分するには，それぞれの関数を別々に積分すればよいことになります．したがって，

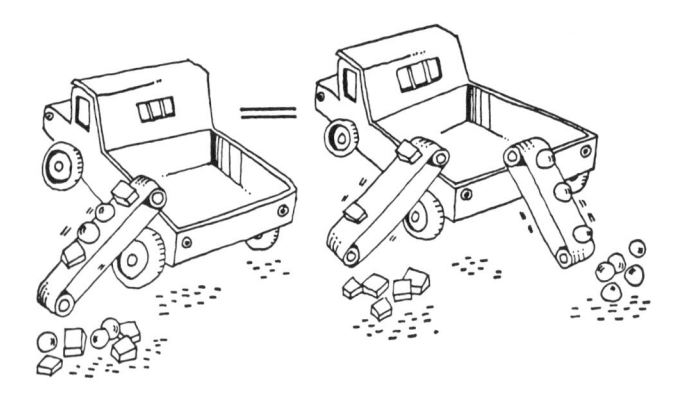

和の積分は，積分の和

$$\int (2x^3 + \sin x)dx = \int 2x^3 dx + \int \sin x\, dx$$

です．あとは，微分の公式を反対から眺めても，小さな親切運動で作られた積分の公式を見ても，容易に原始関数が見つかります．

$$= \frac{2}{4}x^4 - \cos x + C$$

が求める答です．

一般的な書き方をすると，

$$\boxed{\int (f+g)dx = \int f dx + \int g\, dx} \qquad (8.10)$$

覚えて
おこう

ということになります．この式では，$f(x)$ を f，$g(x)$ を g と書いてしまいました．(x) を付けなくても，式の意味をまちがえる心配がないからです．式を見やすくしたり，式を書く労力を省いたりするために，数式の表現では，ときどき，こういう省略した形が使われます．微積分の他の参考書を開いたとき，

$$\int (u+v)dx = \int u\,dx + \int v\,dx$$

とか,

$$\frac{d}{dx}(f \cdot g) = f'g + fg' \qquad \text{式}(5.6)\text{に相当する}$$

などと書いてあっても,式を見やすくするために簡略化しただけのことですから,驚く必要はありません.

積は,部分積分で

　和と差のつぎは,順序とすれば積です.小学校以来,たし算,引き算のつぎは掛け算と相場が決まっていましたし,微分の定石の場合にも,そのとおりの順序でした.流れにさからうとろくなことはないので,ここでも,その順番にしたがうことにしましょう.

　関数の和や差を積分するときの定石を調べるのに,関数の和や差の微分法が参考になったように,関数の積の積分の場合にも,関数の積の微分法が役にたつかもしれません.思い出してください.

$$\frac{d}{dx}(fg) = f'g + fg' \qquad \text{式}(5.6)\text{と同じ}$$

の関係があるのでした.この両辺を x で積分してみましょう.左辺は $f \cdot g$ を微分したものですから,積分すれば $f \cdot g$ に戻ります.すなわち,

$$fg = \int f'g\,dx + \int fg'\,dx$$

です.移項すると,

$$\int fg'\,dx = fg - \int f'g\,dx \qquad (8.11)$$

となります。左辺は，$f(x)$と$g'(x)$の積の積分です。$f(x)$も$g'(x)$もxの関数ですから，関数の積の積分がこの式で表わされていることになります。右辺にも，関数の積の積分が含まれてしまっているので，関数の積の積分という問題が解決されないように思えますが，驚いたことに，この式が積分の技法中では抜群の威力を発揮するのですから，本質は見かけによらないものです．

どうして，それほどの威力があるかというと，fg'のままでは原始関数が見つからないのに，$f'g$の原始関数ならわけなく見つかることが少なくないからです．論より証拠，つぎの式を見てください．

$$\int x \log x\,dx = ?$$

微分したら$x \log x$になるような関数ナーニ？　というところですが，このままでは，いくら眺めていても原始関数は見つかりません．そこで，

$$x = g'$$
$$\log x = f$$

とみなすと，xを積分するのは簡単だし，また，$\log x$を微分するのも容易で，

$$g = \frac{1}{2}x^2$$
$$f' = \frac{1}{x}$$

となります．したがって，式(8.11)の関係を使うと，

$$\int g' \quad f \quad dx = g \quad f \quad - \int g \quad f' dx$$
$$\quad \downarrow \quad \downarrow \qquad\qquad \downarrow \quad \downarrow \qquad\qquad \downarrow \quad \downarrow$$
$$\int x \; \log x \; dx = \frac{x^2}{2} \log x - \int \frac{x^2}{2} \; \frac{1}{x} dx$$
$$= \frac{x^2}{2} \log x - \int \frac{x}{2} dx$$
$$= \frac{x^2}{2} \log x - \frac{x^2}{4} + C$$

が求まります.これなど,

$$fg' = x \log x$$

の原始関数は見つからないけれど,

$$f'g = \frac{x}{2}$$

の原始関数なら,たちどころに見つけることができる典型的な例です.

ちょっと,おもしろいのは,

$$\int \log x \, dx = ?$$

です.$\log x$ はチャンポン関数でも何でもない単純な関数ですが,不幸なことに,$\log x$ の原始関数は単純な関数ではありません.そのために,基礎的な微分や積分の公式だけでは,$\log x$ の積分ができないのです.そこで,$\log x$ を $\log x \times 1$ と考えて,

$$f = \log x$$
$$g' = 1$$

すなわち,

$$f' = \frac{1}{x}$$

$$g = x$$

としてやると，たちまち，式(8.11)が利用できます．

$$\int \log x\, dx = x \log x - \int \frac{x}{x}\, dx$$

$$= x \log x - x + C$$

というぐあいです．まるで，手品のようではありませんか．

　もう1つだけ例をあげます．数ページ前に登場した，

$$\int x^2 \cos x\, dx = ?$$

です．

$$f = x^2$$

$$g' = \cos x$$

とみなして，式(8.11)を適用すれば，

$$\int x^2 \cos x\, dx = x^2 \sin x - \int 2x \sin x\, dx \qquad (*)$$

となります．つづいて，今度は，

$$f = 2x$$

$$g' = \sin x$$

とみなして，再び式(8.11)のお世話になると，

$$\int 2x \sin x\, dx = -2x \cos x + \int 2 \cos x\, dx$$

$$= -2x \cos x + 2 \sin x + C$$

ですから，この式を(*)に代入すると，

部分積分は, できる所から なし崩しに積分する

$$\int x^2 \cos x \, dx = x^2 \sin x + 2x \cos x - 2 \sin x + C$$

が得られます．三角関数にへばりついていた x^2 を，式(8.11)を使って $2x$ に格下げして，もう一度式(8.11)を使って 2 に格下げすることによって，単純な三角関数の積分に帰着させてしまいました．

このように，式(8.11)を 1 回使うごとに，関数の複雑さを 1 段ずつ格下げしていき，なし崩しに積分を完了してしまうような場合には，式(8.11)が非常に有効です．いまの例のほかに，

$$\int (x^3 + 2x^2 + 3x + 4) e^x dx = ?$$

なども，この手が応用できます．各人でやってみてください．

式(8.11)は，**部分積分**と呼ばれる重要なテクニックです．積の関数を積分する場合，部分積分のテクニックを使うと，いつでもうまくいくというわけではありませんが，貴重な手掛かりを与えてくれる

商は，積分できることもある

和，差，積と進んできたので，こんどは商の番です．関数の和や差を積分するときには，そのまま積分してやればよいし，関数の積を積分するには，いつでも成功するとは限らないにしても，部分積分という重要な手掛りがありました．ところが，関数の商の積分には，決め手になるようなうまい方法がないのです．

けれども，まったく絶望というわけでもありません．ずっと前に，微分の定石のところで，

$$\frac{d}{dx}\log f(x) = \frac{f'(x)}{f(x)} \qquad \text{式(5.15)と同じ}$$

という関係を見つけてあるからです．もし，与えられた関数を，

$$\frac{f'(x)}{f(x)}$$

の形に表わすことに成功すれば，

$$\boxed{\int \frac{f'(x)}{f(x)}\,dx = \log f(x) + C} \qquad \text{覚えておこう} \quad (8.12)$$

となって，積分できる手はずが整っています．

典型的な一例として，

$$\int \frac{x}{x^2+1}\,dx = ?$$

について考えてみましょう．

$$f(x) = x^2+1$$

8. 積分の定石

とすれば,
$$f'(x) = 2x$$
ですから,
$$\int \frac{x}{x^2+1} dx = \int \frac{1}{2} \cdot \frac{2x}{x^2+1} dx = \frac{1}{2} \int \frac{2x}{x^2+1} dx \quad *$$
となり, 積分の中味を,
$$\frac{f'(x)}{f(x)}$$
の形に表わすことに成功しました. すなわち, 式(8.12)によって,
$$\int \frac{x}{x^2+1} dx = \frac{1}{2} \int \frac{2x}{x^2+1} dx = \frac{1}{2} \log(x^2+1) + C$$
が得られます.

これほど, すんなりと式(8.12)が適用できることは, それほど多くはありませんが, ちょっとしたくふうを加えると, 式(8.12)が使えることは珍しくありません. とにかく, 与えられた関数を,
$$\frac{c}{ax+b}$$
の形に直してしまえば,
$$\int \frac{c}{ax+b} dx = \frac{c}{a} \int \frac{a}{ax+b} dx = \frac{c}{a} \log(ax+b) + C$$

---

* $\int af(x)dx = a\int f(x)dx$ です. なぜかというと, $\dfrac{d}{dx}\left\{a\int f(x)dx\right\}$ $= a\dfrac{d}{dx}\int f(x)dx = af(x)$ であり, 不定積分 $\int af(x)dx$ は, 導関数が $af(x)$ になるものなので, $\int af(x)dx = a\int f(x)dx$ という論法です.

という手順で積分できるからです.

この手順が使える関数に,

$$\frac{(n-1)次以下のxの数式}{n次のxの整式}$$

があります. たとえば,

$$\int \frac{6x^2+x-17}{x^3-7x-6}dx = ?$$

などが, その実例です. このタイプの式は, $\frac{c}{ax+b}$ の和だけで表わすことができます. やってみましょう. まず, 分母を因数分解します.

$$\frac{6x^2+x-17}{x^3-7x-6} = \frac{6x^2+x-17}{(x+1)(x+2)(x-3)}$$

この式は, 必ず,

$$\frac{6x^2+x-17}{(x+1)(x+2)(x-3)} = \frac{P}{x+1} + \frac{Q}{x+2} + \frac{R}{x-3}$$

の形に分解することができます. この P, Q, R を求めるために式を変形して,

$$= \frac{P(x+2)(x-3)+Q(x+1)(x-3)+R(x+1)(x+2)}{(x+1)(x+2)(x-3)}$$

$$= \frac{x^2(P+Q+R)+x(-P-2Q+3R)+(-6P-3Q+2R)}{(x+1)(x+2)(x-3)}$$

としてみます. そして, この分子を分解する前の分子と比較すると,

$$\begin{cases} P+Q+R=6 \\ -P-2Q+3R=1 \\ -6P-3Q+2R=-17 \end{cases}$$

整式の商は，部分分数に分解して積分する

でなければなりません．この 3 式を連立して解くと，

$$\begin{cases} P = 3 \\ Q = 1 \\ R = 2 \end{cases}$$

が求まります．したがって，

$$\frac{6x^2+x-17}{x^3-7x-6} = \frac{3}{x+1} + \frac{1}{x+2} + \frac{2}{x-3}$$

であることがわかりました．この操作を**部分分数**に分解するといいます．

部分分数に分解してしまえば，積分は朝飯前です．ずばり，式 (8.12) を使えばよいからです．

$$\int \frac{6x^2+x-17}{x^3-7x-6}dx = \int \frac{3}{x+1}dx + \int \frac{1}{x+2}dx + \int \frac{2}{x-3}ax$$
$$= 3\log(x+1) + \log(x+2) + 2\log(x-3) + C$$

となりました．

なお，いまは，

$$\frac{(n-1)\text{次以下の}x\text{の整式}}{n\text{次の}x\text{の整式}}$$

を取り扱ったのですが,ほんとうをいうと,分子の次数がn次より大きくても,同じやり方が通用するのです.たとえば,

$$\int \frac{x^3-2x-7}{x^2-x-2}dx=?$$

の場合には,積分される関数の分子を分母で割ると,

$$\frac{x^3-2x-7}{x^2-x-2}=x+1+\frac{x-5}{x^2-x-2}$$

となりますから,右辺の最後の項を部分分数に分解すれば,

$$\frac{x^3-2x-7}{x^2-x-2}=x+1+\frac{2}{x+1}-\frac{1}{x-2}$$

が得られます.したがって,

$$\int \frac{x^3-2x-7}{x^2-x-2}dx=\int x\,dx+\int dx+2\int \frac{1}{x+1}dx-\int \frac{1}{x-2}dx$$

$$=\frac{1}{2}x^2+x+2\log(x+1)-\log(x-2)+C$$

というぐあいです.

置換のすすめ

関数の積を積分するときには,部分積分が有効なパンチとなって答が求まることが多いのですが,しかし,いつでもうまくいくとは限りません.また,関数の商の積分については,関数を,

8. 積分の定石

$$\frac{f'(x)}{f(x)}$$

の形で表わすことができる場合についてだけ,積分のしかたをご紹介したのでした.これだけでは,身のまわりの現象を解明するための知識として,やや貧弱です.そこで,利用範囲の広い積分の定石をもう1つご紹介しましょう.その名を**置換積分**といいます.チカンという語調はいまわしい感じですが,実体はさわやかな快パンチです.

何よりも,まず,実例を……

$$\int (2x+3)^{100} dx = ? \tag{8.13}$$

この式をご覧になって,前にもこのようなことがあったような,とお気づきの方は冴えています.微分の定石 128 ページのあたりで,

$$y = (x^2 + 2x + 3)^{100}$$

を微分したことがあったのです.そのときには,右辺を展開して 201 項も続く長い式を作り,1つひとつ微分したわけではありません.

$$x^2 + 2x + 3 = t$$

とおいて,軽やかに微分したのでした.それと同じ軽やかなステップを,こんども踏んでみましょう.

$$2x + 3 = t \tag{8.14}$$

とおいてみます.そうすると,

$$\frac{dt}{dx} = 2 \tag{8.15}$$

です.つまり,

$$dx = \frac{1}{2} dt \tag{8.16}$$

となります．ずっと前に dt/dx の記号は，dt を dx で割ったものではなく，ひとかたまりで，x で t を微分した値を表わす記号だと書きました．そうであるならば，式(8.15)の両辺に dx を掛けて，式(8.16)を作り出すのは論旨が通らないように思えます．dt は t の微小変化量 $\varDelta t$ の極限であり，dx は x の微小変化量 $\varDelta x$ の極限なので，dt も dx もゼロとみなせる値であり，ゼロ分のゼロにゼロを掛けるという操作は数学上，無意味であるように思えるからです．けれども，私たちは数学的にはやや厳密さを欠くにしても，オイラー(1707〜1783年)の無限小についての「すれすれのところで，ゼロにならないような小さな値」という解釈を採用させてもらうことにしましょう．実際問題として，それで不具合が起こらないからです．dx や dt がいくら小さな値であっても，ゼロでない値でありさえすればその掛け算や割り算にはふつう四則演算が適用できますから，式(8.15)の両辺に dx を掛けて式(8.16)を作り出すことができます．

ちょっと脱線しましたが，もとに戻って，式(8.14)と式(8.16)を式(8.13)に代入してみます．

$$\int (2x+3)^{100} dx = \int t^{100} \cdot \frac{1}{2} dt$$

$$= \frac{1}{2} \int t^{100} dt$$

です．これなら，積分するのに数秒も要しません．

$$= \frac{1}{2} \frac{1}{101} t^{101} + C = \frac{1}{202}(2x+3)^{101} + C$$

8. 積分の定石

置換積分は，やさしい問題にすり替えて積分する

が得られました．この運算は，$2x+3$ を t と置き換えたところがミソです．置換積分といわれるゆえんが，ここにあります．

置換積分によって，いくつかの問題を解いてみましょう．

$$\int \frac{x}{\sqrt{x^2-1}} \, dx = ?$$

分母が $\sqrt{}$ の中にはいっているようでは，部分分数に分解することができませんから，

$$x^2 - 1 = t$$

とおいてみます．そうすると，

$$\frac{dt}{dx} = 2x$$

$$\therefore \quad dt = 2x \, dx$$

したがって，

$$\int \frac{x}{\sqrt{x^2-1}}\,dx = \frac{1}{2}\int \frac{1}{\sqrt{x^2-1}}\,2x\,dx$$

$$= \frac{1}{2}\int t^{-\frac{1}{2}}\,dt = t^{\frac{1}{2}} + C$$

$$= \sqrt{x^2-1} + C$$

なんとなくだまされたみたいに，調子よくいってしまうではありませんが，積分計算になれた人は，問題を見たとたんに，「x^2-1 を t とおけば，それを x で微分したときに $2x$ が現れるが，問題の分子には x があるから，うまくいくな」と見当をつけて置換積分を開始するわけですが，このヨミの深さは，たくさんの練習問題をこなして習得するほかありません．

最後にもうひとつ……．

$$\int \frac{e^{2x}}{e^x+1}\,dx = ?$$

というのは，どうでしょうか．なんとも変な形でどこから手をつけていいかわかりません．こういうときは，少しでも姿がやさしくなるように置換してみる一手です．

$$e^x = t$$

とおいてみましょう．少しはかわいげのある姿になりそうです．

$$\frac{dt}{dx} = e^x \quad (不死身の e^x です)$$

$$\therefore \quad dt = e^x\,dx$$

ですから，

$$\int \frac{e^{2x}}{e^x+1}\,dx = \int \frac{e^x}{e^x+1}\,e^x\,dx \quad (e^{2x} = e^x \cdot e^x)$$

$$= \int \frac{t}{t+1}\,dt = \int \left(1 - \frac{1}{t+1}\right)dt$$

$$= t - \log(t+1) + C = e^x - \log(e^x+1) + C$$

と，一気に積分できてしまいました．

　この章では，積分の定石をざっと眺めてみました．微分公式を反対側から探して原始関数が見つかるようなら問題はないのですが，ちょっと複雑な関数になるとそうは問屋がおろさないのが冷酷な現実です．で，冷酷な現実に対抗する戦法を，部分積分と置換積分を中心にして調べてみました．正直なところ，身のまわりの現象を取り扱うのが目的ならば，この章で学んだ程度の定石を心得ておくだけでじゅうぶんなのだと私は思っています．けれども，大学の入学試験で出題される積分の問題は，一般にもっとむずかしいようです．身のまわりの現象を取り扱うのが目的ではなくて，抽象化された数学の概念を試験したり，積分のテクニックに対する熟練の度合いを試したり，ひょっとすると，受験者をふるい落すための手段に使ったりしているからです．したがって，大学受験のために積分を勉強しておられる方には，不本意ながら，この本以外の参考書で，数多くの練習問題を片っ端から解いてみることをおすすめせざるをえません．このようなことが人生の何に役だつだろうか，という疑問は，ちょっとわきに押しやって……．

9. 身のまわりの積分

立体を考える

よく知られたクイズに,「6本のマッチ棒で, 合同な正三角形を過不足なく4つ作れ」というのがあります. 答を知っていればなんでもないのですが, 答を知らない人にとっては, なかなかむずかしい問題です. 机の上にマッチ棒を並べて, ああでもない, こうでもないと首をひねるのですが, どうしても4つの正三角形ができません. それもそのはず, このクイズは, 平面に考えていたのでは絶対にできないのです. 絶対できないことをちゃんと論理的に証明することができます.

私たちは, 小学校以来, 教科書やノートで勉強してきました. ところが, 教科書もノートも紙でできているので, 図も文字もすべて平面的に表現されています. で, 私たちの頭脳は, いろいろな現象を平面の上に表現し, 思考し, 理解するよう訓練されてしまったよ

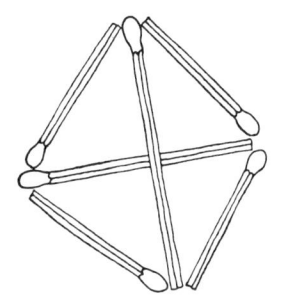

6本のマッチ棒で
4つの正三角形を作れ

うに思えます．そのために，6本のマッチ棒を机の上に並べてみるばかりで，それを立体的に組み立ててみる方向に頭が働かないもののようです．

　私たちは，3次元の世界に生きています．上下，前後，左右のある世界にです．ですから，多少の障害物があってもそれを飛び越えて向う側へ移動することができます．もし，この動作を，2次元の世界に住む生物が見ていたとしたら，彼らの目にはどう映るでしょうか．ちょうど，3次元の世界に住む私たちが，厚い丈夫なコンクリートで囲まれた密室の中へ，何の苦もなく出はいりする生物を発見したときと同じ驚愕を味わうにちがいありません．4次元の世界が，3次元に住む私たちにはまったく理解のできない通路——上下，前後，左右とは異なるもう1つの方向——をもっているように，私たちが上下の動きを利用して障害物を飛び越すことは，2次元の生物の理解をはるかに超えているからです．

　積分とは，面積を求めることだと，繰り返し書いてきました．けれども，面積を求める作業は，2次元の話にすぎません．3次元に住む私たちが，2次元の話だけで満足しているのは謙虚にすぎます．

というわけで、3次元の象徴的な量、すなわち、体積を求めるところから、身のまわりの現象に積分を応用してみようと思います.

はじめに、円すいの体積を計算してみましょう. 164ページで、とっくりの体積を計算するとき、円すいの体積Vは、

$$V = \frac{1}{3}\pi r^2 h \tag{9.1}$$

で表わされると書きました. こういう式は、数学の公式集を探せばたいてい記載されてはいますが、公式集が手元にない場合には、なかなか思い出せるものではありません. けれども、積分の心得があれば、この式を作り出すのにたいした手間はかかりません. つぎのとおりです.

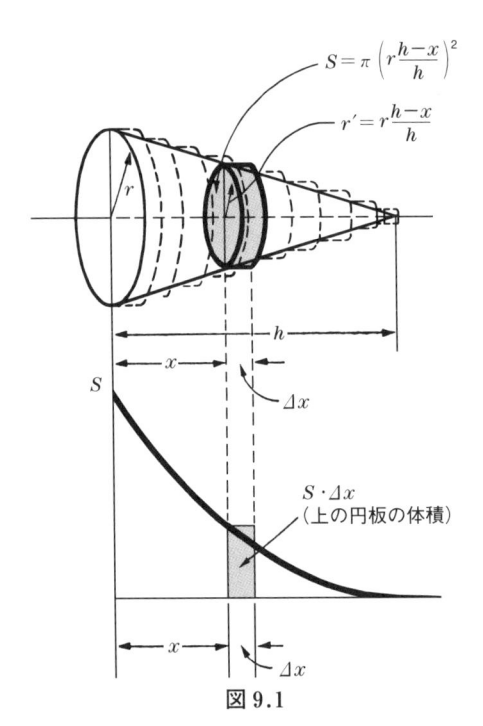

図9.1を見てください. とっくりの体積のときと同じ記号を使ってあります. 底の半径をrとすると、底からxだけ上がった位置での半径r'は、

$$r' = r\frac{h-x}{h}$$

です. したがって、その位置での断面積Sは、

$$S = \pi\left(r\frac{h-x}{h}\right)^2$$

$S \cdot \Delta x$
（上の円板の体積）

図9.1

$$S = \pi \left(r \frac{h-x}{h} \right)^2 = \frac{\pi r^2}{h^2}(h-x)^2 \tag{9.2}$$

となります．S は x の関数ですから，円すいの絵の下に，S のグラフを描いておきました．

つぎに，この x の位置で，厚さが Δx の円板を考えます．円板の体積はもちろん，

$$S \cdot \Delta x$$

です．そうすると，円すいの体積は，x がゼロから h までの範囲で考えたすべての円板の体積を寄せ集め，$\Delta x \to 0$（いいかえれば，分割の個数 $n \to \infty$）にした極限を求めればよいことになります．したがって，

$$V = \lim_{\Delta x \to 0} \Sigma S \cdot \Delta x$$

です．この関係を，

$$V = \int_0^h S dx \tag{9.3}$$

と書くのでした．もう一度，図9.1を見てください．上の式は，断面積 S のグラフの面積を求めることを意味しています．それもそのはず，円すいを輪切りにした円板の体積は，ちょうど，下のグラフに薄ずみを塗った部分に相当しており，輪切りの幅を極限まで薄くしながら，その総計を求めることは，下のグラフの全面積を求めることに一致するからです．

さて，円すいの体積が式(9.3)のように表わされれば，積分の定石を適用して，一気に答を求めることが可能です．

$$V = \int_0^h S dx = \int_0^h \frac{\pi r^2}{h^2}(h-x)^2 dx$$

$$= \frac{\pi r^2}{h^2} \int_0^h (h^2 - 2hx + x^2) dx$$

$$= \frac{\pi r^2}{h^2} \left[h^2 x - hx^2 + \frac{1}{3} x^3 \right]_0^h$$

$$= \frac{\pi r^2}{h^2} \left(h^3 - h^3 + \frac{1}{3} h^3 \right) = \frac{1}{3} \pi r^2 h \tag{9.4}$$

という調子で，すいすいと答が求まりました．

ところで，図 9.1 には，円すいを $\varDelta x$ の厚さで輪切りにした図が描かれています．$\varDelta x$ は，小さい値ではありますが，ちゃんとした大きさをもっていますから，図のじょうず，へたは別として，図 9.1 のように厚みをもった円板が描けます．けれども，この $\varDelta x$ は，いずれは $\varDelta x \to 0$ として処理され，その極限としての dx に変身する運命をたどるのです．いずれ変身することがわかっているなら，図に $\varDelta x$ と書くステップを省略してしまおうという発想で説明図を描くと，図 9.2 のようになります．dx は，ほんとうは，ほとんどゼロに等しくて，夢か現

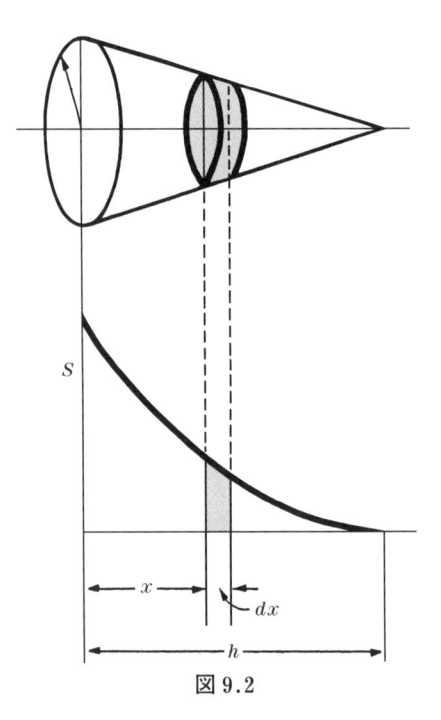

図 9.2

か幻か,という正体のない値なのですが,オイラーの知恵を借りて「すれすれのところでゼロにならないような小さな値」とみなし,小さくても一人前の数値であることを認知することにして,目に見える大きさに描いたのです.そうすると dx はどっちみち,おそろしく小さい値ですから,円板の縁が階段状に円すいの面からはみ出す部分の容積は無視することができるので,段階状のでこぼこのほうも省略してしまいました.

積分の方程式をたてる準備のために描かれる説明図には,よくこういう表現が用いられます.厳密さを身上とする数学の解法としては,いきなはからいに属しますが,現実の問題として不具合が起こらないので,私たちも存分に利用させてもらうことにしましょう.

ドーナツの体積

アルキメデス(前 287〜前 212 年)は,理論ばかりではなく,実践面でも大活躍した科学者です.ヒエロン王のために巨大な船を作ったり,ローマとカルタゴの戦争では起重機を発明してローマの軍船をつり上げたり,大活躍のすえ,敷石の上に図形を描いて研究しているところへ侵入したローマの兵たちに,「その円を踏むな」とどなって殺された話は有名です.このアルキメデスがヒエロン王から,新しく作らせた王冠が純金かどうかを調べるよう頼まれました.王冠の比重を知れば純金かどうかの判定ができるのですが,比重を求めるには,重さと体積を量る必要があります.重さのほうは容易に量れますが,体積のほうをどのようにして量ったらよいか,アルキメデスも思案投首です.と,ある日,入浴中に,王冠を器いっぱい

に入れた水の中に浸し,あふれ出た水の量を量ればよいことに気がつきました.狂喜したアルキメデスが,すっ裸のまま街の中を走り回ったとか,回らなかったとか…….

さて,話は変わって,目の前にうまそうなドーナツがあるとしましょう.この体積を量りたいのですが,どうしたらよいでしょうか.アルキメデスの故事にならって,水中に浸すのも手ですが,水に浸したあとのドーナツなど,ぐちゃぐちゃして食べられたものではありますまい.幸い,私たちは積分が体積を求めるのに有効な方法であることを知りましたので,ドーナツを水に浸すようなお粗末はやめて,計算でドーナツの体積を求めてみようと思います.

ドーナツの体積をずばりと計算する前に,いくらか準備をしておく必要があります.実は,ドーナツの体積を計算するには,いくつかの気のきいたテクニックが必要なのです.まず,第1に回転体の体積を計算する定石をご紹介しましょう.

図9.3を見てください.x が a から b までの範囲に $f(x)$ という曲線が存在しているとします.この曲線が軸を中心にしてぐるぐる回転すると,図のような,なまめかしい形ができ上がります.この体積はどれだけあるでしょうか.たいして,むずかしい問題ではありません.x のある位置でこの回転体を輪切りにしてみます.半径は $f(x)$ ですから,その断面積は,

$$S = \pi \{f(x)\}^2$$

です.したがって,その位置で dx の厚さに円板を切り出すと,その体積は,

$$S \cdot dx = \pi \{f(x)\}^2 \cdot dx$$

になります.なまめかしい回転体全体の体積は,x が a から b まで

9. 身のまわりの積分

の区間にある薄切りの円板の体積をぜんぶ寄せ集めたものですから,

$$V = \int_a^b \pi \{f(x)\}^2 dx = \pi \int_a^b \{f(x)\}^2 dx \tag{9.5}$$

で表わされます. このままでは, ちょっと見には複雑そうですが,

$$y = f(x)$$

ですから,

$$V = \pi \int_a^b y^2 dx \tag{9.6}$$

ということであり, $f(x)$ が与えられさえすれば, x 軸のまわりに回ってできる回転体の体積は意外に簡単に求められることがわかります.

一例として, この式を使って円すいの体積を求めてみると, つぎのとおりです. 高さが h, 底の半径が r の円すいは, 図 9.4 のように,

$$f(x) = \frac{r}{h} x$$

$$(x \text{ は } 0 \sim h)$$

が x 軸のまわりに回転してでき上がったものです. したがって, その体積 V は, 式(9.5)を使えば,

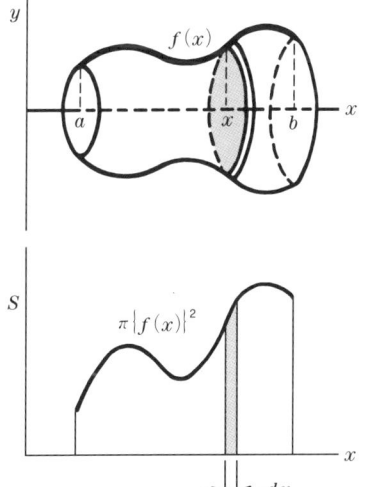

図 9.3

図 9.4

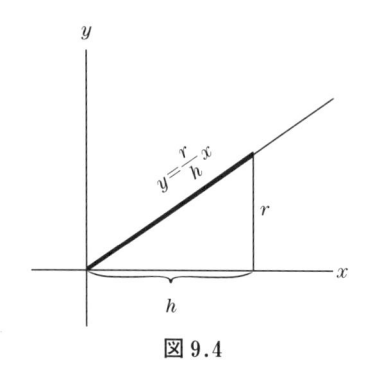

$$V = \pi \int_0^h \left(\frac{r}{h}x\right)^2 dx = \frac{\pi r^2}{h^2} \int_0^h x^2 dx$$

$$= \frac{\pi r^2}{h^2} \left[\frac{1}{3}x^3\right]_0^h = \frac{\pi r^2}{h^2} \cdot \frac{1}{3}h^3 = \frac{1}{3}\pi r^2 h$$

となるはずであり,これは,前の節の結論と一致しているばかりでなく,前の節よりもっと容易に円すいの体積を求めることができました.

さて,ドーナツの体積に話を戻しましょう.このドーナツは,図9.5のように,x軸からRだけ離れたところにある半径rの円が,x軸を中心にしてぐるりと一周した結果,作り出されたものであるとします.この円の方程式は,

$$x^2 + (y-R)^2 = r^2 \quad * \tag{9.7}$$

で表わされます.この式を,$y = f(x)$の形に書き直すために変形していくと,

$$(y-R)^2 = r^2 - x^2$$
$$y - R = \pm\sqrt{r^2 - x^2}$$
$$y = R \pm \sqrt{r^2 - x^2} \tag{9.8}$$

$$y = R + \sqrt{r^2 - x^2}$$

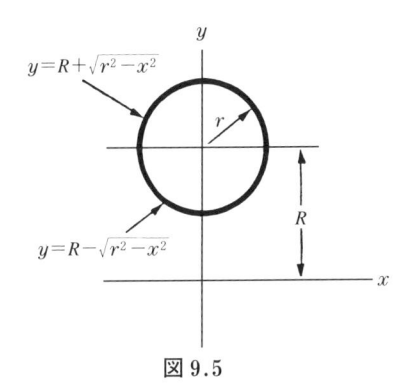

図 9.5

が得られます．図 9.5 を見ながら，式の意味をちょっと考えていただけばわかるように，この式のうち，

$$y = R + \sqrt{r^2 - x^2} \tag{9.9}$$

は，円の上半分の曲線を，また，

$$y = R - \sqrt{r^2 - x^2} \tag{9.10}$$

は，円の下半分の曲線を表わしています．

ところで，私たちが求めようとしているドーナツの体積は，図

---

* x 軸と y 軸の交点，つまり，座標の原点を中心にした半径 r の円の方程式は，

$$x^2 + y^2 = r^2$$

です．図のように，円周上のどの点をとってみても，三平方の定理（ピタゴラスの定理）が成立しているからです．この円の中心を，y 軸上に R だけずらしたとき，円の方程式は，

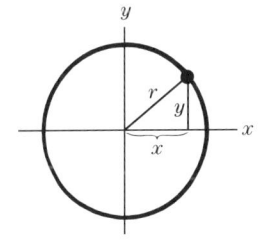

$$x^2 + (y - R)^2 = r^2$$

となります．y の値から，いつでも R だけ差し引いて考えると，座標の原点を中心とした半径 r の円に戻るからです．

$y = R + \sqrt{r^2 - x^2}$ が x 軸まわりに回転してできた車輪形

$y = R - \sqrt{r^2 - x^2}$ が x 軸まわりに回転してできた糸巻き形

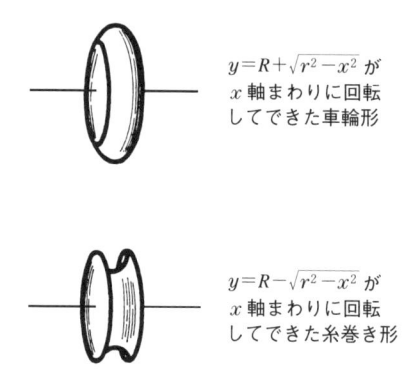

図 9.6

9.6 のように，円の上半分の曲線が回転してできた車輪形の体積から，円の下半分の曲線が回転してできた糸巻き形の体積を差し引いたものです．まず，車輪形の体積を求めます．x が存在する範囲は，図 9.5 からもまた，式 (9.8) からも明らかなように，$-r$ から $+r$ までですから，式 (9.9) と式 (9.6) を参考にして，

$$V_{車輪形} = \pi \int_{-r}^{r} (R + \sqrt{r^2 - x^2})^2 dx$$

となります．いっぽう，糸巻き形の体積は，式 (9.10) と式 (9.6) とから，

$$V_{糸巻き形} = \pi \int_{-r}^{r} (R - \sqrt{r^2 - x^2})^2 dx$$

です．したがって，ドーナツ形の体積 V は，

$$V = V_{車輪形} - V_{糸巻き形}$$

$$= \pi \int_{-r}^{r} (R + \sqrt{r^2 - x^2})^2 dx - \pi \int_{-r}^{r} (R - \sqrt{r^2 - x^2})^2 dx$$

で表わされます．

表わすことには成功しましたが，積分の計算がめんどうそうで，ちょっと気が滅入ります．けれども，関数の和の積分は，関数の積分の和に等しいことを思い出していただくと，

$$V = \pi \int_{-r}^{r} \{(R + \sqrt{r^2 - x^2})^2 - (R - \sqrt{r^2 - x^2})^2\} dx$$

$$= \pi \int_{-r}^{r} (R^2 + 2R\sqrt{r^2-x^2} + r^2 - x^2 - R^2 + 2R\sqrt{r^2-x^2} - r^2 + x^2) dx$$

$$= 4R\pi \int_{-r}^{r} \sqrt{r^2 - x^2}\, dx \tag{9.11}$$

となり，積分の形はだいぶすっきりとしました．しかし，油断は禁物，このままでは原始関数が見つからず，積分ができません．そこで，積分の定石にしたがって，やさしい問題にすり替えるための置換積分を行ないます．こういう形の積分は，

$$x = r \sin t \tag{9.12}$$

とおくと，うまくいくのです．

$$\frac{dx}{dt} = r \cos t \tag{9.13}$$

ですから，

$$dx = r \cos t\, dt$$

です．そうすると，

$$\int \sqrt{r^2 - x^2}\, dx = \int \sqrt{r^2 - r^2 \sin^2 t}\; r \cos t\, dt$$

$$= \int r^2 \sqrt{1 - \sin^2 t}\; \cos t\, dt = r^2 \int \cos t \cdot \cos t\, dt$$

$$= r^2 \int \frac{1+\cos 2t}{2} dt = \frac{r^2}{2} \int dt + \frac{r^2}{2} \int \cos 2t \, dt \quad *$$

$$= \frac{r^2}{2} t + \frac{r^2}{4} \sin 2t = \frac{r^2}{2} \left(t + \frac{1}{2} \sin 2t \right) \tag{9.14}$$

となります.ところが,式(9.12)の関係から,

$x = -r$ なら $\sin t = -1$ すなわち $t = -\pi/2$

$x = r$ なら $\sin t = 1$ すなわち $t = \pi/2$

ですから,x を $-r$ から $+r$ の範囲で変化させれば,t は $-\pi/2$ から $+\pi/2$ の範囲で変化します.したがって,式(9.14)に積分の範囲を書き加えれば,

$$\int_{-r}^{r} \sqrt{r^2 - x^2}\, dx = \frac{r^2}{2}\left[t + \frac{1}{2} \sin 2t \right]_{-\frac{\pi}{2}}^{\frac{\pi}{2}}$$

$$= \frac{r^2}{2} \left\{ \left(\frac{\pi}{2} + 0 \right) - \left(-\frac{\pi}{2} - 0 \right) \right\} = \frac{r^2}{2} \pi \quad ** \tag{9.15}$$

という定積分の値が求まります.

---

* $\int \cos 2t \, dt$ を求めるには,$2t = Z$ と置換してやると,

$$\int \cos 2t \, dt = \frac{1}{2} \int \cos 2t \cdot 2 \, dt = \frac{1}{2} \int \cos Z \, dZ = \frac{1}{2} \sin Z$$

$$= \frac{1}{2} \sin 2t$$

となります.

** $\int_{-r}^{r} \sqrt{r^2 - x^2}\, dx$ は,考えてみれば,図のような半円の面積です.したがって,積分などに苦労するまでもなく $\frac{1}{2} r^2 \pi$ です.式(9.14)で苦労したぶんだけ損をしたような気がします.

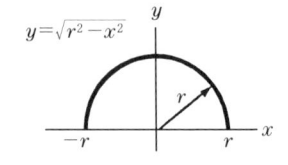

さて，この定積分のかんじょうがすめば，ドーナツの体積Vはただちに計算できます．式(9.15)の結果を式(9.11)に入れ込んでやればよいからです．

$$V = 4R\pi \int_{-r}^{r} \sqrt{r^2 - x^2}\, dx$$

$$= 4R\pi \cdot \frac{r^2}{2}\pi = 2\pi^2 R r^2 \tag{9.16}$$

が求める答です．

ドーナツの体積を求めるのに，水中に浸してあふれ出た水の量を量る方法は，まことに実証的であり，科学する方法として重要なアプローチです．けれど，いくら実証的で尊敬できる方法であっても，物によりけりだと思います．ドーナツや書籍などの体積は，水に浸して求めるよりも，計算で求めるほうが実証的であると思いますが，いかがなものでしょうか．

落下の運動

ニュートンはリンゴが落ちるのを見て万有引力を発見したといわれていますが，ほんとうは，うそだろうと思います．リンゴが落ちるのが，万有引力発見の動機であるならば，ニュートンをわずらわすまでもなく，日本でも，信州や東北でとっくに万有引力が発見されていなければなりません．ですから，リンゴが落ちるのをニュートンが見たことよりは，ニュートンの頭の中に問題意識と，問題解決のための理論展開があったことが，万有引力発見の動機です．

ニュートンの頭の中で行なわれた理論展開を，私ごとき凡才が推

測しようというのはおこがましいしだいですが，蛮勇をふるって推測してみると，つぎのようになりそうです．静止している物体は，力が加わらなければ動き出しはしない，けれど，すべての物体は，空中で放たれると地面をめがけて落下する，きっと，物体には地面の方向へ引き寄せる力が作用しているにちがいない，ところが，地面の方向にあるのは地球だけである，そうすると，地球の存在そのものが，物体を地球へ引き寄せる原因であろう，けれども地球はとくに物体を引き寄せる魅力に富んでいるわけでもない，ただべらぼうに大きいだけである，多分，物体間には互いに引き寄せ合う力が作用しており，その強さは物体が大きいほど強いのだろう．

　というわけで，地球の近くにあるすべての物体は，地球という巨大な物質と作用し合う引力のために，地球をめがけて落下するはめになっています．そこで，落下する物体の運動を調べてみようというのが，この節のテーマです．

　日本のビルディングの高さは，つぎつぎに記録を更新していきますが，2007年1月1日現在では横浜にある70階建てのランドマークタワーの269 mが最高だそうです．いま，その頂上からリンゴを落としたとします．リンゴでなくてもよいのですが，これもニュートンに敬意を表したのです．リンゴは，手を離れた瞬間から地表をめがけて落下を開始するでしょう．はじめはゆっくりですが，だんだんと速度を増して，もうぜんと地表にぶつかり，ぎゅうと叫んで分解し，一部はリンゴジュースになってしまうにちがいありません．

　リンゴに作用している力は引力だけです．その大きさはリンゴの質量をmとすると，

$$mg$$

です.gは,地球が地表付近の物体を引きつけることによって物体に発生する加速度の大きさで,**重力の加速度**と呼ばれ9.8 m/sec^2です.mはリンゴの質量なのですが,この"**質量**"という概念はどわかりにくい概念も少なくありません.質量は,重さに密接な関係をもつ1つの特性であり,質量mの物体を地表付近にもってくるとmgの重さになる,という意味合いに理解しておけばよいようです.したがって,質量mのリンゴは地表付近ではmgの重さをもっているので,リンゴを地球のほうへ動かそうとしている力はmgであるということです.もちろん,このリンゴを地表から何千キロメートルも離れた位置に持っていくと,質量は変わりませんが重さはずっと軽くなります.地球とリンゴとが引き合う力は,地球とリンゴとの距離が遠くなるほど小さくなるからです."遠ざかる者日々にうとし"のたとえどおり,遠く離れていると引きつけ合う魅力も減少してしまうもののようです.また,リンゴを月の表面に持っていくと,質量は変わりませんが,重さは6分の1に減ってしまいます.月のほうが地球に比べれば小物なので,それだけ引力も少ないからです.

さて,リンゴにmgの力が作用することはわかりましたが,では,その力でリンゴに起させる加速度はどのくらいかというと,それはつぎの式で示されます.

$$m \frac{d^2 x}{dt^2} = mg \tag{9.17}$$

図9.7のように,xをビルの屋上を原点にして地面のほうに向かってとりましたから,$\dfrac{d^2 x}{dt^2}$はリンゴが地面のほうに向かって速度を増していくときの"速度の変化率"つまり加速度を表わします.あ

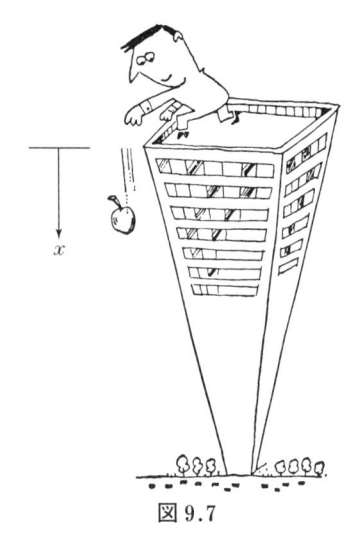

る物体が，ある速度で動いているとき，空気や地面との摩擦のように動きを止めようとする力や，もっと速度を速めようとする力が作用しなければ，その物体は，いつまでもその速度で動き続けます．そして，その速度を変えてやるためには，速度の変化率，つまり加速度に正比例した力を加える必要があることを，この式は物語っています．さらに，大きいものを動かしたり止めたりするためには，大きな力が必要であるという常識のとおりに，左辺の m が大きくなれば，作用する力を表わす右辺にも大きな値が要求されます．

図 9.7

式 (9.17) には，両辺に m が含まれていますから両辺を m で割ると，

$$\frac{d^2x}{dt^2}=g \tag{9.18}$$

となります．ということは，物体の落下の運動は，質量 m に無関係だということです．いままでの議論では，空気の抵抗を考慮に入れていませんので，しばらくの間は空気の抵抗を無視することにすると，落下の運動に関しては，リンゴでもピアノでも，生き物でも，まったく同じに扱うことができます．

式 (9.18) は，加速度を表わしていますが，加速度は目にも見えないし，実感として把握しにくいので，速度や変位（位置の変化）を求

9. 身のまわりの積分

めてみます．まず，式(9.18)の両辺を t で積分します．

$$\int \frac{d^2x}{dt^2} dt = \int g\,dt$$

d^2x/dt^2 は x を t で2回微分したものですから，これを t で積分すると，微分1回ぶんだけもとへ戻って dx/dt になります．右辺は定数 g の積分ですから簡単です．すなわち，

$$\frac{dx}{dt} = gt + C_1 \tag{9.19}$$

が得られます．C_1 はどこから積分をはじめるかによって決まる積分定数(224ページ参照)ですから，問題の意味と照合して値を決める必要があります．私たちの問題では，リンゴが手を離れた瞬間を，

$$t = 0$$

としましょう．その瞬間には x (位置)もゼロだし，dx/dt (速度)もゼロです(図9.8)．式(9.19)で，$t=0$ のとき，

$$\frac{dx}{dt} = 0$$

となるためには，

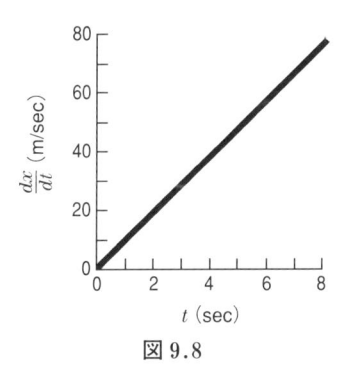

図 9.8

$C_1 = 0$

でなければなりません．したがって，落下速度の式は，

$$\frac{dx}{dt} = gt \tag{9.20}$$

で表わされます．g は，前にも書いたように $9.8\,\mathrm{m/sec^2}$ ですからこの値を代入して，時間〜速度のグラフを描いてみました．速度は時間の経過につれて増加しており，5秒後には $49\,\mathrm{m/sec}$ の速度に達します．

つぎに，式(9.20)をもう一度 t で積分してみます．

$$x = \frac{1}{2} gt^2 + C_2$$

が得られます．$t=0$ のときに，$x=0$ が成立しなければなりませんから，

$$C_2 = 0$$

となり，位置を表わす x，いいかえれば，$t=0$ のときからの変位を表わす x は，

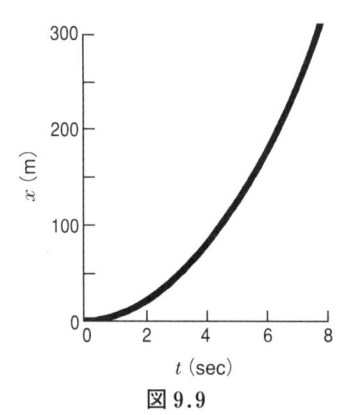

図 9.9

$$x = \frac{1}{2} g t^2 \qquad (9.21)$$

で表わされることになります．このグラフは，前のページの図9.9のようになり，5秒後には123 m も落下していることがわかります．ランドマークタワーの高さは269 m ありますから，この屋上から誤まって転落したとすると，地面に叩きつけられるまでに約8秒かかります．約8秒は，死を前にした人にとっては，ずいぶん長い時間にちがいありません．その間，いったい何を考えるものなのでしょうか．

ところで，多くの人たちは，何秒後にどれだけの速度になるとか，何秒後にどこまで落ちていくか，よりは，ランドマークタワーの屋上から落下した物体が地面に叩きつけられたとき，どれだけの速度になっているかのほうに，多くの興味を感じます．その激突速度のものすごさから，地面に叩きつけられたときの衝撃を実感したいか

時速100 km で衝突すると
10階建のビルから落下したのと同じ

らでしょう．そういう趣味をおもちの方は，式(9.20)と式(9.21)とから t を消去して，x と dx/dt の関係を求めてください．dx/dt は速度らしく v と書いてしまうと

$$v = \sqrt{2gx} \tag{9.22}$$

が求まるはずです．この関係をグラフに描いておきました．269 m の屋上から落下した物体が地面に激突するときの速度は約 73.1 m/sec．つまり，約 263 km/hr もあります．

また，時速 100 km/hr で高速道路を走っている車が構築物に正面衝突した場合を考えてみましょう．100 km/hr は秒速に直すと，27.8 m/sec になります．この速さは，式(9.22)から計算しても，図 9.10 から読みとってもわかるように約 39 m の高さから落下した物体が地面に激突するときの速度に相当します．39 m は，ふつうのビルなら 10 階ぐらいの高さです．とても助かるとは思えません．ご用心，ご用心……．

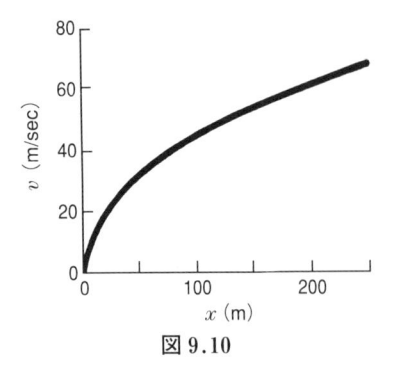

図 9.10

エネルギーで計算する

エネルギーという言葉があります．仕事をする潜在的能力というように解釈すればよいでしょう．そうすると，高いところにあるものはエネルギーを持っていることになります．海抜何百メートルかにたくわえられたダムの水は，それが落下するときに大量の電力を作り出して私たちの生活をうるおします．電力を作り出すという仕事をしたのは，高いところにたくわえられた水は，その位置で仕事をして電力を作り出したわけではありません．高いところから落下して奔流となり，それがタービンを回し，タービンに連結された発電機が電力を作り出したのです．つまり，ダムにたくわえられた水が持っていた「高いところにあることによるエネルギー」は，「水の流れる速度が速いことによるエネルギー」に乗り移り，それが，電力を作り出すという仕事をしたことになります．

エネルギーは，いろいろな形に変化します．高いところにあることによるエネルギー —— これを**位置エネルギー**といいます —— が，速いことによるエネルギー —— これを**運動エネルギー**といいます —— に変身し，さらに電気エネルギーに変化するように，熱エネルギーとか光エネルギーとか，さまざまなエネルギーに変えることができます．けれども，どのように変身しても，外部との間にエネルギーの出はいりがなければ，エネルギーの総量はけっしてふえも減りもしません．これが，**エネルギー不滅の法則**と呼ばれる大原理です．

物体の動きを解明するとき，エネルギー不滅の法則に注目すると，容易に答が求まることが少なくありません．高さと位置エネルギー

の関係を知っており,いっぽう,速度と運動エネルギーの関係がわかっていれば,両者のエネルギーを等しいとおくことによって,高さの減少と速度の増加との関係が容易に求まるのも,その一例です.それでエネルギーの計算をご紹介しようと思います.

エネルギーは,仕事をする能力ですから,逆の立場からみれば,ある物体は,外部から仕事をされることによってエネルギーを供給されます.力を出すほどたくさんの仕事ができ,大きく動かすほど仕事量が多いのは,直観的にも納得できますので,理論的には,仕事はつぎのように定義されています.F という力を加えながら,x_0 という距離だけ動かしたとき,

$$F \cdot x_0$$

の仕事をしたと判定するのです.たとえば,図 9.11 のように,30 kg の力で荷物を引っぱりながら,100 m の坂道を登ったとすると,

$$30 \times 100 \text{ kg} \cdot \text{m}$$

の仕事をしたことになります.

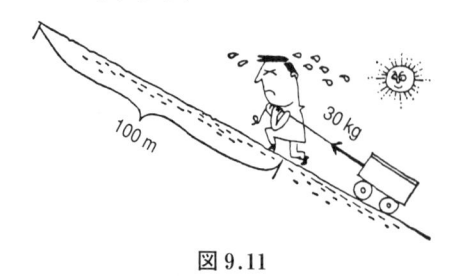

図 9.11

さて,それでは,高さと位置のエネルギーはどのような関係で結ばれているでしょうか.地上にある質量 m の物体を高さ x まで持ち上げるとします.この物体の重さは 263 ページに書いたように mg ですから,この物体をごくゆっくりと持ち上げるには,

9. 身のまわりの積分

$$F=mg$$

の力を必要とします．これだけの力を加えながら x_0 だけ持ち上げるのですから，物体がなされた仕事は，

$$mgx_0$$

です．そして，この仕事はそのまま物体の中に位置エネルギーとしてたくわえられます．すなわち，

$$位置エネルギー＝mgx_0 \tag{9.23}$$

で表わされることが，わかりました．

物体を持ち上げるときに mg の力よりもっと大きな力で，ぐいと持ち上げたらどうでしょうか．この物体は上方に向かって加速されますから，ある高さで止めるには，そのぶんだけ力を抜かなければなりません．したがって，仕事の総計はごく静かに持ち上げる場合と同じになります．

つぎに，速度と運動エネルギーの関係を調べます．物体に力を加えて加速し，結果的に v の速度になったものと思ってください．力の加え方は，はげしかったり，おだやかだったり，あるいは，最初ははげしく，あとではおだやかに，というように，いろいろな場合が考えられますが，途中の経過がどうであろうとも，結果的に同じ速度で同じ重さの物体が持つエネルギーは同じであると考えるのが自然です．そこで，その一例として，質量 m の物体に，最初から最後まで mg の力を加えて，結果的に v の速度になった場合についてエネルギーを計算してみます．幸いに，それに相当する落下の運動が前の節で調べてあり，その計算結果をそのまま借用できるからです．

前の節の検討結果によると，

$$F = mg$$

の力を質量 m の物体に加えていると，x_0 だけ動いたとき，

$$v = \sqrt{2gx_0} \qquad \text{式(9.22)と同じ}$$

の速度になるのでした．したがって，

$$\frac{v^2}{2g} = x_0$$

の関係があります．このとき，この物体が外部からなされた仕事は，

$$F \cdot x_0 = mg \cdot \frac{v^2}{2g} = \frac{1}{2}mv^2$$

であり，この仕事が質量 m の速度 v で動く物体内にエネルギーとしてたくわえられたのですから，

$$\text{運動エネルギー} = \frac{1}{2}mv^2 \tag{9.24}$$

であることがわかります．

$$\text{位置エネルギー} = mgx_0 \quad (x_0 \text{は高さ})$$

$$\text{運動エネルギー} = \frac{1}{2}mv^2$$

の2つの式は，重力の作用する空間で動く物体の運動を調べるのに，とても便利な式です．たとえば，こういう問題を解いてみましょう．

プロ野球の豪速ピッチャーが投げる球の速さは 50 m/sec ぐらいもあるそうです．いま，図 9.12 のように，オーバー・スローのピッチャーが球を離す位置は，キャッチャーの捕球位置より 1.5 m 高く，アンダー・スローのピッチャーが球を離す位置は，キャッチャーの捕球位置より 0.5 m だけ高いものとしてみます．ピッチャーが球を離す瞬間の速度がぴったり 50 m/sec である場合，キャ

9. 身のまわりの積分

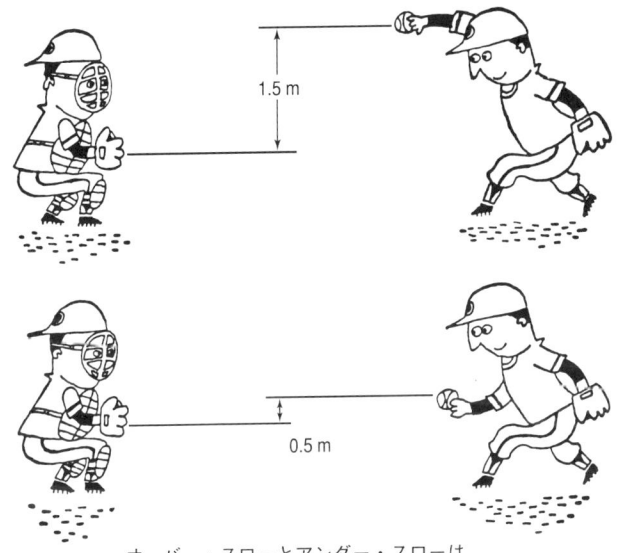

オーバー・スローとアンダー・スローは
どちらが速いか

図 9.12

ッチャー・ミットに捕球されるときの球の速さは、オーバー・スローのピッチャーとアンダー・スローのピッチャーとどれだけ異なるでしょうか。ただし、空気抵抗は無視します。

位置のエネルギーの基準は、キャッチャーの捕球位置と考えましょう。そうすると、オーバー・スローのピッチャーが投げた球の持っているエネルギーは、位置エネルギーと運動エネルギーの合計です。それを計算してみるとつぎのようになります。ほんとうは、式の中の数字に単位を付記しないといけないのですが、単位の m (メートル)と質量 m とが同じで、かえって紛らわしいので省略することにします。(　)の中の数値は、いずれも、m, sec を単位とした値だと思ってください。

$$位置のエネルギー = mg \times 1.5 = m(9.8 \times 1.5)$$

$$運動のエネルギー = \frac{1}{2} m(50)^2$$

すなわち,

$$全エネルギー = m(9.8 \times 1.5) + \frac{1}{2} m(50)^2$$

$$= m\left(9.8 \times 1.5 + \frac{2500}{2}\right) = m(1264.7)$$

です. キャッチャー・ミットに捕球される瞬間には位置のエネルギーはゼロになりますから, これだけの全エネルギーがすべて運動のエネルギーに変わります.

$$m(1264.7) \doteqdot \frac{1}{2} m(50.3)^2 = 運動のエネルギー$$

ですから, キャッチャー・ミットに納まるときの速度は約 50.3 m/sec であるはずです.

いっぽう, アンダー・スローの場合は,

$$全エネルギー = m(9.8 \times 0.5) + \frac{1}{2} m(50)^2 = m(1254.9)$$

で, これがぜんぶ運動のエネルギーに変わるのですから,

$$m(1254.9) = \frac{1}{2} m(50.1)^2 = 運動のエネルギー$$

となって, 約 50.1 m/sec の速度でキャッチャー・ミットに納まることになります. オーバー・スローとアンダー・スローでは, オーバー・スローのほうが 0.4% ぐらい球速をかせげるかんじょうになります. この計算は, エネルギーの考えを使ったので簡単でしたが,

落下の運動を計算したときのようなやり方をすると，かなりやっかいです．

この節は，「微積分のはなし」ではなく，「力学のはなし」になってしまいました．次の節への足がためなので，あしからずお許しください．

ばねのエネルギー

パチンコというと，チーン・ジャラジャラのほうを思い出す方が多いと思いますが，もう1つあります．Y型の金具か小枝にゴムを結びつけ，強く引っぱられたゴムが縮む力を利用して，小石か何かを射ち出す小道具です．どちらのパチンコも，玉を射ち出す原理は同じで，ばねかゴムかを弾性的に変形させ，それがもとに戻ろうとする力で玉に速度を与えています．パチンコばかりでなく，弓や空

このエネルギーはどこから？

気銃などの原理も同じこと……．この原理は昔からずいぶん使われてきたようです．

ところで，玉や矢が，パチンコや弓を離れる瞬間には速度をもっています．つまり，速度エネルギーが与えられています．この速度エネルギーは，どこからきたのでしょうか．もちろん，ばねやゴムや弓にたくわえられていたエネルギーが乗り移ったのです．では，なぜ，ばねやゴムや弓にはエネルギーがあったのでしょうか．ばねを押し縮めたりゴムを引っぱったり，弓を引き絞ったりするには，力を加えて変形する必要があります．すなわち，外部から仕事されて，エネルギーが供給され，そのエネルギーが弾性的に変形したばねやゴムや弓の中にたくわえられていたのです．

ここに，1つのばねがあるとしましょう．ばねは，あまり極端に変形させると，へたってしまい，力を取り除いてももとの寸法に戻らなくなってしまいますので，そのような乱暴は慎んでいただくことにすると，ばねを押し縮めるのに必要な力は，ばねが縮んだ量に比例することがわかっています．この性質を利用したのがばね秤（ばかり）です．手元にあるばねを x だけ押し縮めるのに必要な力 F は，

$$F = kx \tag{9.25}$$

であるとしてみます．この k は，**ばね定数**と呼ばれ，ばねの強さを表わしています．ばねを，x_0 だけ押し縮めたときにたくわえられるエネルギーは，いくらでしょうか．

たくわえられるエネルギーは，外部からなされた仕事に等しいのでした．そして，F の力を加えながら x_0 だけ動かすと，

$$F \cdot x_0$$

の仕事がなされるのでした．F が x に関係なく一定の値であるなら

ば，ことは簡単ですが，こんどのFは，式(9.25)のようにxに比例して変化してしまいます．すなわち，ばねがまだほとんど変化していないときに，ある長さだけばねを押し縮めても，加える力が小さいので，たいした仕事はしないけれど，ばねが大きく縮んだあとで同じ長さだけばねを押し縮めると，こんどは加える力が大きいので大きな仕事をすることになります．

こういうときには，つぎのように考えてください．いま，ちょうどxだけばねが縮んだ状態にあるとします．そして，さらに，dxだけ縮めようと思います．そのときに行なわれる仕事の量をdWと書きましょう．ばねの縮む量が目標のx_0になるまでに必要な仕事の量をWと書くつもりですし，いまは，目標達成のためのほんの一部，dxだけ縮ませるに必要な仕事の量を表わそうとしているからです(図9.13)．xからさらにdxだけ縮ませるために加える力はkxですから，dxだけ縮めるのに必要な仕事の量は，

$$dW = kx \cdot dx$$

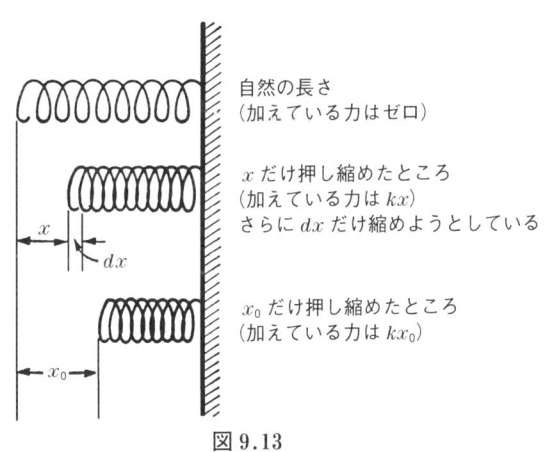

図 9.13

です．ほんとうは，dx だけ縮む前に比べて，dx だけ縮んだあとでは必要な力がちょっとだけ増加するのですが，dx があまりにも小さな動きなので，力の増加は無視できるという理屈です．ばねを自然の状態から x_0 まで縮めるのに必要な仕事は，この $kx \cdot dx$ を x がゼロから x_0 の範囲の全域にわたって寄せ集めればよいのですから，全仕事量 W は，

$$W = \int_0^{x_0} kx\,dx = \frac{k}{2}\left[x^2\right]_0^{x_0} = \frac{1}{2}kx_0^2 \tag{9.26}$$

で表わされることになります．これが，x_0 だけ変形させられたばねの中にうっ積しているエネルギーの量です．そして，このばねの力で質量 m の玉を上方に射ち出すと，ばねの中にうっ積していたエネルギーが玉に乗り移って，

$$\frac{1}{2}kx_0^2 = \frac{1}{2}mv^2 \tag{9.27}$$

で表わされる速度 v の速度エネルギーになります．さらに，この速度エネルギーは，玉の上昇につれて位置のエネルギーに変化していくわけです．

例題を試みてみましょうか．手元にあるばねは，1 m だけ縮めるのには 1000 kg が必要です．つまり，ばね定数 k は，

$k = 1000$ kg/m

です．このばねを 0.1 m だけ縮めておき，その力で 0.1 kg の球を真上に射ち上げたとします．球が射ち出される速度はいくらでしょうか．また，この球はどれだけの高さまで達するでしょうか．

ばねにたくわえられたエネルギーは，式(9.26)によって，

$$W = \frac{1}{2}(1000 \text{ kg/m})(0.1 \text{ m})^2 = 5 \text{ kg} \cdot \text{m}$$

です．これが，運動のエネルギーに変わるのですから，式(9.27)が適用できます．質量mは［重さ／重力の加速度］であることに注意すれば，

$$5 \text{ kg} \cdot \text{m} = \frac{1}{2} \frac{0.1 \text{ kg}}{9.8 \text{ m/sec}^2} v^2$$

ですから，射ち出された球の速度vは，

$$v = \sqrt{5 \text{ kg} \cdot \text{m} \times 2 \times \frac{9.8 \text{ m/sec}^2}{0.1 \text{ kg}}} = 31.3 \text{ m/sec}$$

となります．この球が真上に上昇していくと，速度のエネルギーはどんどん位置のエネルギーに変わり，速度のエネルギーがぜんぶ位置のエネルギーに変わったところで最高の高さに達します．高さhの位置のエネルギーは，

$$mgh$$

でしたから，

$$\frac{1}{2}mv^2 - mgh$$

とおけば，

$$h = v^2/2g$$

となり，このhが運動エネルギーをぜんぶ食ってしまう高さを表わしています．いまの例では，

$$h = \frac{(31.3 \text{ m/sec})^2}{2 \times 9.8 \text{ m/sec}^2} = 50 \text{ m}$$

が，球が達しうる高さです．

この節も，力学物語の続きみたいになってしまいました．けれども，実は，重要な積分の手法をご紹介しているのです．x だけばねが縮んだ位置で，さらに dx だけばねを縮めるのに必要な仕事を，

$$dW = kx \cdot dx$$

とおいて，これから全仕事量を，

$$W = \int_0^{x_0} kx\, dx$$

として計算した過程です．

　私たちの身のまわりには，こういう考え方で表現される積分の問題がたくさんあります．片っ端からご紹介したいのですが，紙面の都合でそうもいきません．次節に，もう1つだけ例をあげてみようと思います．

複利のおそろしさ

　栄枯盛衰は世のならい，とはいうものの，その感をひときわ深くするのが複利計算です．尾崎紅葉作『金色夜叉』の間(はざま)貫一は，ダイヤモンドに目がくらんだ許婚者の宮さんに裏切られ，怒り心頭に発して，文字どおり「黄金の夜叉」となり，高利貸業に徹したのでした．かねに魅せられて自分を裏切ったお宮さんを見返すには，もうれつにかねをためるしかないし，そのためには高利貸がいちばん手っとり早いと考えたからでしょう．高利貸がかねをためる近道である理由は，1つには利息が高いこともありますが，もっと決定的なのは，短期間ごとに複利計算をすることにあります．ひどい高利になると「といち」といって，10日ごとに1割の利息を付けていく

ねずみ算式

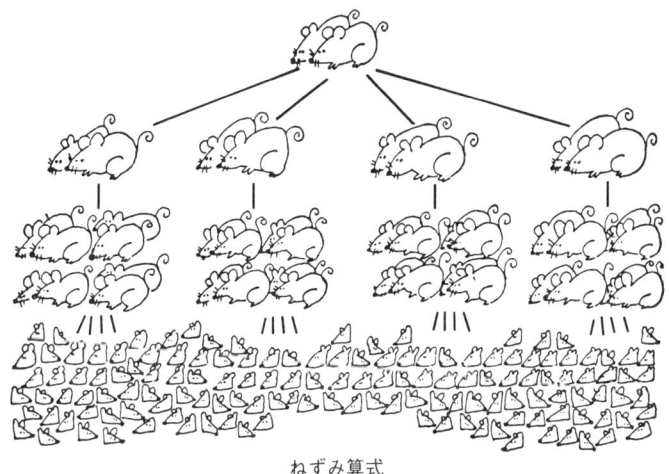

ことがあるそうですが,「といち」で1年間借りっぱなしすと, 1年後には元利合計が,

$$(1.1)^{36} \div 30 \text{ 倍}$$

にもなってしまいます. 会社が倒産する末期には, 経営内容が悪くなって銀行からの融資も受けられず, 苦しまぎれに高利のかねを借りて, またたく間に借金が雪だるまのようにふえ, あっという間に倒産というはめになることが多いようです.

ねずみ算という言葉もあるように, ねずみは, ものすごい繁殖力をもっており, ある人の計算によれば, 生まれたねずみがぜんぶ育つものと仮定をすると, 1つがいのねずみは1年後には約7千匹, 3年後には約3億匹にふえるそうですが, これも複利計算の威力です. このほか, 細胞の分裂, 細菌の繁殖など, 複利計算が適用できるものはたくさんあります.

複利で増加していく量を x としてみましょう. x は時間の経過に

つれて，どのように増大していくでしょうか．ある瞬間に x が増加する割合は，そのときの x に正比例します．すなわち，

$$\frac{dx}{dt} = ax \tag{9.28}$$

の関係であります．利息の話なら，あるときの元利合計 x に比例して利息が付き，元利合計が増加します．つまり，dx/dt は，元利合計の増加率(単位期間に付加される利息)を表わし，a は利率を，x はそのときの元利合計を表わしていることになります．

x が時間の経過 t につれてどのように変化するかを知るためには，式(9.28)が成立するような $x(t)$ の関数形を探し求めればよいはずです．式(9.28)は，x を t で微分した形ですから，x の形を知るには，この式を t で積分すればよいにちがいありません．けれども，この式のままで両辺を積分するのはムリなようです．左辺はわけなく t で積分できますが，右辺の x は t のどのような関数であるかわからないので，t で積分のしようがないからです．そこで，dx も dt も，小さくても一人前の値として取り扱うことにして，式(9.28)を変形してみます．

$$\frac{dx}{x} = a\,dt$$

t と x は，もともと，ある関係で結ばれているはずなのですが，この式では，両者の微小変化の関係だけが示されています．大きな範囲での関係を知るには，左辺は dx のすべてについて，右辺は dt のすべてについて寄せ集めてみればよいはずです．すなわち，

$$\int \frac{dx}{x} = \int a\,dt \tag{9.29}$$

となります．積分を実行すると，

$$\log x + C_1 = at + C_2$$

が得られます．両辺に積分定数があってわずらわしいので，

$$C_2 - C_1 = C_3$$

として書き直すと，

$$\log x = at + C_3$$

となります．この式は，

$$e^{at + C_3} = x$$

すなわち，

$$x = e^{at} \cdot e^{C_3} \tag{9.30}$$

を表わしています．ここで，e^{C_3} は積分の過程で現れてきた定数ですから，問題の意味と照合して値を決める必要があります．いま，

$$t = 0 \quad \text{のとき} \quad x = A$$

であるとしましょう．この関係を式(9.30)に代入すると，

$$e^{C_3} = A$$

が得られますから，これを使って式(9.30)を書き直すと，

$$x = Ae^{at} \tag{9.31}$$

の関係が求まります．これが，t の関数としての x の形です．A はもちろん，$t=0$ のときの x の値です．

たとえば，1分あたり 1/10 の割合で増殖している細菌の一群があるとしましょう．1時間後には，何倍にふえているでしょうか．

$$a = 0.1/\text{分}$$

$$t = 60 \text{分}$$

ですから，60分後の細菌の量は，

$$x = Ae^{0.1/\text{分} \times 60\text{分}} = Ae^6 = 403A$$

x	e^x
0.0	1.000
0.2	1.221
0.4	1.492
0.6	1.822
0.8	2.226
1.0	2.718
1.5	4.482
2.0	7.389
2.5	12.182
3.0	20.086
3.5	33.115
4.0	54.598
4.5	90.017
5.0	148.41
6.0	403.43
7.0	1096.6
8.0	2981.0
9.0	8103.1
10.0	22026

となります．驚くなかれ，1時間後に403倍です．複利計算のおそろしさが身にしみるではありませんか．

この節の思考過程は，ばねにたくわえられるエネルギーを計算した前の節の考え方とよく似ています．前の節では，

$$dW = kx \cdot dx$$

の関係から両辺を積分して，

$$W = \frac{1}{2}kx_0^2$$

を求めました．この節では，

$$\frac{dx}{x} = a\,dt$$

の両辺を積分して，

$$x = Ae^{at}$$

の関係を求めました．いずれの場合も微小な範囲に起こる局部的な現象に注目し，それを広い範囲に拡大して大局的なすう勢を調べあげたのでした．そして，局部的な現象の積み重ねで全体がどうなっているかを調べるためには，いつも積分の手法が役にたちました．この本のはじめに，

微分は，どう変化しているか

積分は，その結果どうなったか

を調べるためのテクニックだと書いた意味が，ここにあります．

付　　録

1. 三角関数の公式

$\sin^2\alpha + \cos^2\alpha = 1$

$\sec^2\alpha = 1 + \tan^2\alpha$

$\operatorname{cosec}^2\alpha = 1 + \cot^2\alpha$

$\sin(\alpha \pm \beta) = \sin\alpha\cos\beta \pm \cos\alpha\sin\beta$

$\cos(\alpha \pm \beta) = \cos\alpha\cos\beta \mp \sin\alpha\sin\beta$

$\tan(\alpha \pm \beta) = \dfrac{\tan\alpha \pm \tan\beta}{1 \mp \tan\alpha\tan\beta}$

$\sin 2\alpha = 2\sin\alpha\cos\alpha$

$\cos 2\alpha = \cos^2\alpha - \sin^2\alpha$

$\tan 2\alpha = \dfrac{2\tan\alpha}{1 - \tan^2\alpha}$

$\sin^2\alpha = \dfrac{1 - \cos 2\alpha}{2}$

$\cos^2\alpha = \dfrac{1 + \cos 2\alpha}{2}$

$\tan^2\alpha = \dfrac{1 - \cos 2\alpha}{1 + \cos 2\alpha}$

$\sin\alpha + \sin\beta = 2\sin\dfrac{\alpha+\beta}{2}\cos\dfrac{\alpha-\beta}{2}$

$\sin\alpha - \sin\beta = 2\cos\dfrac{\alpha+\beta}{2}\sin\dfrac{\alpha-\beta}{2}$

$\cos\alpha + \cos\beta = 2\cos\dfrac{\alpha+\beta}{2}\cos\dfrac{\alpha-\beta}{2}$

$\cos\alpha - \cos\beta = -2\sin\dfrac{\alpha+\beta}{2}\sin\dfrac{\alpha-\beta}{2}$

2. 微分の公式

与えられた関数 $\xrightarrow{\text{微分}}$ 導関数

与えられた関数	導関数
x^n	nx^{n-1}
e^x	e^x
a^x	$(\log a)a^x$
$\log x$	$\dfrac{1}{x}$
$\sin x$	$\cos x$
$\cos x$	$-\sin x$
$\tan x$	$\sec^2 x$
$\sec x$	$\sec x \tan x$
$\operatorname{cosec} x$	$-\operatorname{cosec} x \cot x$
$\cot x$	$-\operatorname{cosec}^2 x$

3. 積分の公式

与えられた関数 $\xrightarrow{\text{積分}}$ 原始関数

与えられた関数	原始関数
x^n	$\dfrac{1}{n+1}x^{n+1}$ $(n \neq -1)$
$\dfrac{1}{x}$	$\log x$
e^x	e^x
a^x	$\dfrac{a^x}{\log a}$
$\sin x$	$-\cos x$
$\cos x$	$\sin x$
$\sec^2 x$	$\tan x$
$\operatorname{cosec}^2 x$	$-\cot x$

4. 級数の計算

(1) $0+1+2+\cdots+(n-2)+(n-1)=\dfrac{n(n-1)}{2}$ の計算

$$
\begin{array}{c}
\overbrace{0 + 1 + 2 + \cdots + (n-2) + (n-1)}^{n \text{項}} \\
+(n-1)+(n-2)+(n-3)+\cdots+ 1 + 0 \\
\hline
(n-1)+(n-1)+(n-1)+\cdots+(n-1)+(n-1)=n(n-1)
\end{array}
$$

したがって

$$0+1+2+\cdots+(n-2)+(n-1)=\dfrac{n(n-1)}{2}$$

(2) $0^2+1^2+2^2+\cdots+(n-2)^2+(n-1)^2=\dfrac{n(n-1)(2n-1)}{6}$

の計算

まず,$0^2+1^2+2^2+\cdots+(n-2)^2+(n-1)^2=S$ とおきましょう.つぎに,

$$(r+1)^3-r^3=3r^2+3r+1$$

という等式を準備します.この r に,$0, 1, 2, \cdots, n-1$ を代入して書き並べると,

式が n 個ある
$$
\begin{cases}
1^3 - 0^3 = 3\cdot 0^2 + 3\cdot 0 + 1 & (r=0) \\
2^3 - 1^3 = 3\cdot 1^2 + 3\cdot 1 + 1 & (r=1) \\
3^3 - 2^3 = 3\cdot 2^2 + 3\cdot 2 + 1 & (r=2) \\
\quad\vdots \\
(n-2)^3-(n-3)^3 = 3\cdot(n-3)^2+3\cdot(n-3)+1 & (r=n-3) \\
(n-1)^3-(n-2)^3 = 3\cdot(n-2)^2+3\cdot(n-2)+1 & (r=n-2) \\
n^3 - (n-1)^3 = 3\cdot(n-1)^2+3\cdot(n-1)+1 & (r=n-1)
\end{cases}
$$

これらを,縦に加え合わせると,

$$
\begin{aligned}
n^3 =\ & 3\{0^2+1^2+2^2+\cdots+(n-2)^2+(n-1)^2\} \\
& +3\{0+1+2+\cdots+(n-2)+(n-1)\}
\end{aligned}
$$

$$+n$$
$$=3S+3\frac{n(n-1)}{2}+n$$

したがって,

$$S=\frac{n^3}{3}-\frac{n(n-1)}{2}-\frac{n}{3}$$
$$=\frac{1}{6}\{2n^3-3n(n-1)-2n\}$$
$$=\frac{1}{6}n\{2n^2-3(n-1)-2\}$$
$$=\frac{1}{6}n(n-1)(2n-1)$$

が求められます.

　この公式を求めるには,このほか,いくつかの方法があります.どれも,クイズ解きのおもしろさを秘めていて,捨てがたい味があります.

著者紹介

大　村　　　平　（工学博士）
（おお　むら　　　ひとし）

　1930年　秋田県に生まれる
　1953年　東京工業大学機械工学科卒業
　　　　　防衛庁空幕技術部長，航空実験団司令，
　　　　　西部航空方面隊司令官，航空幕僚長を歴任
　1987年　退官．その後，防衛庁技術研究本部技術顧問，
　　　　　お茶の水女子大学非常勤講師，日本電気株式会社顧
　　　　　問などを歴任
　現　　在　（社）日本航空宇宙工業会顧問など

微 積 分 の は な し（上）【改訂版】
変化と結果を知るテクニック

1972年 4 月25日	第 1 刷発行
2005年 9 月15日	第47刷発行
2007年 9 月26日	改訂版第 1 刷発行
2021年10月 8 日	改訂版第 6 刷発行

検　印　省　略	著　者　大　村　　　平
	発行人　戸　羽　節　文

発行所　株式会社　日科技連出版社
〒151-0051 東京都渋谷区千駄ヶ谷5-15-5
DSビル
電話　出版 03-5379-1244
　　　営業 03-5379-1238

Printed in Japan　　　　印刷・製本　河北印刷株式会社

© Michiko Ohmura 1972, 2007　　ISBN978-4-8171-9243-1
URL http://www.juse-p.co.jp/

本書の全部または一部を無断でコピー，スキャン，デジタル化などの複製をすることは著作権法上での例外を除き禁じられています．本書を代行業者等の第三者に依頼してスキャンやデジタル化することは，たとえ個人や家庭内での利用でも著作権法違反です．

はなしシリーズ《改訂版》
絶賛発売中！

■もっとわかりやすく，手軽に読める本が欲しい！
この要望に応えるのが本シリーズの使命です．

確　率　の　は　な　し
統　計　の　は　な　し
統　計　解　析　の　は　な　し
微　積　分　の　は　な　し(上)
微　積　分　の　は　な　し(下)
関　数　の　は　な　し(上)
関　数　の　は　な　し(下)
実験計画と分散分析のはなし
多　変　量　解　析　の　は　な　し
信　頼　性　工　学　の　は　な　し
予　測　の　は　な　し
Ｏ　Ｒ　の　は　な　し
ＱＣ数学のはなし
方　程　式　の　は　な　し
行列とベクトルのはなし
論　理　と　集　合　の　は　な　し
評　価　と　数　量　化　の　は　な　し
人　工　知　能(AI)のはなし

―――――――――――日　科　技　連―――――

ビジネスマン・学生の教養書

数 学 の は な し	岩田倫典
数 学 の は な し（Ⅱ）	岩田倫典
ディジタルのはなし	岩田倫典
微分方程式のはなし	鷹尾洋保
複 素 数 の は な し	鷹尾洋保
数 値 計 算 の は な し	鷹尾洋保
力 と 数 学 の は な し	鷹尾洋保
数列と級数のはなし	鷹尾洋保
品質管理のはなし（改訂版）	米山高範
決 定 の は な し	斎藤嘉博
ＰＥＲＴのはなし	柳沢 滋
在 庫 管 理 の は な し	柳沢 滋
数 学 ロ マ ン 紀 行	仲田紀夫
数学ロマン紀行 2 －論理 3000 年の道程－	仲田紀夫
数学ロマン紀行 3 －計算法 5000 年の往来－	仲田紀夫
「社会数学」400 年の波乱万丈！	仲田紀夫

日 科 技 連